PREMIÈRE LEÇON

DE

GÉOGONIE

PAR

M. F.-G.-V. ALEXANDRE

Professeur de Mathématiques.

TOULOUSE

HENRI DUCLOS, LIBRAIRE-ÉDITEUR

(ANCIENNE MAISON DELBOY)

54, RUE DES BALANCES, 54

1877

PREMIÈRE LEÇON

DE

GÉOGONIE

PAR

M. F.-G.-V. ALEXANDRE

Professeur de Mathématiques.

TOULOUSE

HENRI DUCLOS, LIBRAIRE-ÉDITEUR

(ANCIENNE MAISON DELBOY)

54, RUE DES BALANCES, 54

—

1877

OUVRAGES DU MÊME AUTEUR :

Traité explicatif de l'Ecriture sainte, approuvé par Mᵍʳ d'Astros.

Traité d'Arithmétique.

Traité de Trigonométrie.

Traité sur les Approximations.

Jésus, fils de Dieu.

Les quatre Evangélistes.

Mémoires relatifs à la Loterie toulousaine, en vue de l'achèvement de la cathédrale de Toulouse, loterie dont M. Alexandre a été le promoteur et l'auteur. (Cette loterie a rapporté net quatre cent mille francs.)

PREMIÈRE LEÇON DE GÉOGONIE

MESSIEURS,

On s'occupe beaucoup de nos jours de mettre en lumière et de faire prédominer les opinions scientifiques tendant à faire de la matière une puissance créatrice, intelligente et libre.

Quelle est la valeur de ces systèmes? Sont-ils dans le vrai et dignes de créance? C'est ce que nous allons examiner avec les moyens que nous fournissent les sciences physiques et naturelles.

Exposons d'abord brièvement les principales théories des savants; les différents récits des Orientaux sur les origines de la terre et de l'homme : nous placerons ensuite sous vos yeux la création racontée par Moïse.

Lorsqu'on veut résoudre le grand problème de l'origine de la terre et de l'homme, ce n'est point un choix d'hypothèses ni de conventions que l'on doit prendre pour base d'un tel problème; on doit, au contraire, s'appuyer sur des faits certains et sur des lois connues.

Les divers systèmes des géologues se groupent en

trois catégories, et chacune d'elles repose sur une hypothèse plus ou moins gratuite.

Les trois systèmes au moyen desquels on cherche à expliquer la création de notre globe sont la théorie neptunienne, la plutonienne, et celle qui est fondée sur une hypothèse astronomique.

Commençons par l'exposé de la théorie neptunienne.

Les neptuniens prétendent que les roches, à l'origine de la terre, étaient dissoutes dans l'eau pure ou dans l'eau chargée d'acide carbonique, ou d'autres substances minérales.

Parmi les partisans de cette théorie on compte : Thalès, 600 ans avant J.-C. ; et, parmi les modernes : Burnet, Woodward, Hutton, Dolomius, etc.

D'après Burnet, théologien anglican : « La terre avait une forme très-différente de celle qu'elle a aujourd'hui. C'était une masse fluide, un chaos composé de matières de toute espèce ; les plus pesantes convergèrent au centre et formèrent au milieu du globe un corps dur autour duquel les eaux plus légères se rassemblèrent et entourèrent de tous côtés ce globe intérieur ; l'air et tous les fluides plus légers que l'eau enveloppèrent aussi la surface de la terre. Entre l'orbe de l'air et celui de l'eau, il se forma un orbe d'huile et de liqueur grasse moins dense que l'eau ; mais l'air étant encore fort impur et contenant une très-grande quantité de particules de matière terrestre, ces dernières descendirent peu à peu, tombèrent sur la couche d'huile et constituèrent un orbe terrestre mélangé de limon et d'huile. »

C'est ainsi que fut formée la première terre habitable.

Buffon, en parlant du système de Burnet, dit : « C'est un roman bien écrit, et un livre qu'on peut lire pour s'amuser, mais qu'on ne doit pas consulter pour s'instruire. Burnet a tout tiré de son imagination, qui, comme on le sait, se substitue chez lui aux réalités de la science. »

D'après Woodward, la terre, originairement à l'état liquide, n'était qu'une pellicule fort mince qui servait d'enveloppe au fluide qu'elle renfermait. Il reconnut que toutes les parties constitutives de la terre, dans la Grande-Bretagne, depuis la surface jusqu'aux endroits les plus profonds où il descendit, étaient disposées par couches, et que dans un grand nombre de ces couches se trouvent toutes sortes de coquilles et d'autres productions marines. Il ajoute que, par ses correspondants, il s'est assuré que dans tous les autres pays la terre était composée de même.

Les géologues de l'école neptunienne n'expliquent pas, avec leur système, le fait suivant : les minéraux qui forment les roches des terrains massifs sont absolument insolubles dans l'eau soit pure, soit chargée d'acide carbonique ou d'autres substances minérales.

D'ailleurs, comme l'a dit un auteur : « Il est impossible d'imaginer raisonnablement un liquide assez abondant et assez énergique pour tenir en dissolution, ou même à l'état de bouillie, toutes les roches de la terre. Les mers actuelles, dont le volume est si faible, relativement à celui du globe, seraient à peine capables d'humecter seulement une partie des roches que nous connaissons. »

Théorie plutonienne. — Les géologues donnent à la terre une origine ignée.

Les représentants de ce système dans les temps anciens sont : Platon, Hippocrate ; dans les temps modernes : Whiston, Leibnitz, etc.

En 1708, Whiston, astronome anglais, publia une nouvelle théorie de la formation de la terre.

Selon lui, Dieu créa l'univers ; mais la terre, confondue avec les autres astres, n'était qu'une comète inhabitable dans laquelle les matières tour à tour liquéfiées, vitrifiées ou glacées, formaient un chaos, un abîme enveloppé d'épaisses ténèbres. Ce chaos était l'atmosphère de la comète qu'il faut se représenter comme un corps composé de matières hétérogènes dont le centre était occupé par un noyau sphérique solide et chaud autour duquel s'étendait une très-grande quantité de matières fluides agitées et confondues ensemble.

Telle était la terre au moment de la création. Mais aussitôt après, dès que l'orbite de la comète fut modifié en ellipse presque circulaire, chaque élément prit sa place et les corps furent disposés suivant la loi de leur gravité spécifique. La sphère de la comète, d'un chaos immense, se réduisit en un globe d'un volume médiocre, au centre duquel se trouve le noyau solide qui conserve encore aujourd'hui la chaleur que le soleil lui a autrefois communiquée.

Ce système admis, il faudrait que le grand nombre des planètes eussent été, à leur origine, des atmosphères éparpillées çà et là dans l'espace. Une même force fatale les aurait poussées dans des plans peu inclinés sur celui de l'écliptique de la terre. D'après cette hypothèse, elles auraient été soumises fatalement aux éléments elliptiques des planètes et par conséquent aux lois sublimes de Képler.

Leibnitz publia, en 1683, un système sous le titre de : *Protogea.*

« Selon cet illustre savant, la terre, dès sa formation, était à l'état de fusion. La plus grande partie de la matière terrestre fut la proie d'un immense embrasement. Les planètes ainsi que notre globe étaient autrefois des étoiles fixes et lumineuses. Après avoir brûlé longtemps, elles s'éteignirent faute de matière combustible. La croûte refroidie et les parties humides et élevées en forme de vapeurs retombèrent et formèrent des mers. Les coquilles et les autres débris marins qu'on rencontre partout prouvent que l'eau couvrait toute la terre. Les grandes quantités de sels fixes, de sables et de matières fondues et calcinées et renfermées dans la terre prouvent aussi que l'incendie a été général. »

Voici le jugement porté par Buffon sur Leibnitz :

« Bien que son système soit dénué de preuves, on sent bien, néanmoins, qu'il est le produit des méditations d'un grand génie. Les idées ont de la liaison, les hypothèses ne sont pas absolument impossibles, et les conséquences qu'on en peut tirer ne sont pas contradictoires. Le vice capital de cette théorie, c'est qu'elle ne s'applique nullement à l'état présent de la terre. Dire, comme Whiston, que la terre a été une comète, ou prétendre, comme Leibnitz, qu'elle a été une étoile lumineuse, c'est affirmer des faits également possibles ou impossibles. »

Nous posons aux géologues plutoniens cette première question : Où étaient les mers à l'origine du globe ? car elles ne pouvaient se maintenir à l'état liquide sur une masse incandescente.

« La réponse est facile, répliquent-ils ; ces eaux étaient, dans l'atmosphère, mélangées à une infinité d'autres matières plus ou moins volatiles ou vaporisables. »

Partant de ces données, il faut convenir que notre atmosphère était un réceptacle d'une singulière résistance ; tous les océans y étaient suspendus ; tous les gaz y avaient leur habitation et la plupart des sels leur demeure.

La seconde question consiste à leur demander comment ils expliquent la formation de la croûte terrestre ?

Dans les premiers temps, selon les plutoniens, la partie solide ne consistait qu'en une pellicule appliquée sur une immense sphère en fusion, agitée par des espèces de marées, par des émissions de gaz. Dans le moment même où la terre commençait à se former, elle recevait une impulsion ; cette impulsion seule aurait eu pour effet de lui faire parcourir, d'un mouvement uniforme, un espace rectiligne indéfini, si l'attraction du soleil n'était venue courber cette ligne et la modeler en ellipse.

Mais comment la première couche solidifiée aurait-elle pu résister à la force élastique des vapeurs formées par les fluides intérieurs? Quelle est la force initiale qui a imprimé un mouvement à la terre?

Voici ce que nous lisons dans les *Eléments de minéralogie et de géologie*, de M. Leymerie :

« Lorsque des matières meubles viennent d'être déposées au fond d'un bassin, l'eau y pénètre facilement et chaque particule, en vertu du principe d'égalité de pression en tous sens, reste aussi mobile que si elle n'avait pas au-dessus d'elle une colonne d'eau d'une grande hauteur ; mais le dépôt continuant à se former, il arrive un moment où le poids des strates superposées commence à se faire sentir et détermine l'eau à quitter les interstices du dépôt qui avait été précédemment formé. Celui-ci, privé par ce départ de son seul moyen de résistance, doit alors céder à une pression considérable qui se compose du poids des strates supérieures et de celui de la colonne liquide, et tend, par l'action de cette force, à contracter une cohérence et une consistance qu'il n'avait pas dans l'origine. Nous pouvons joindre un moyen plus particulier, mais très-efficace. Je veux parler de la cimentation, qui consiste dans l'agrégation de matières meubles par l'intermédiaire d'un suc ou d'un ciment. Le carbonate de chaux doit être considéré comme le ciment par excellence. C'est lui qui, s'introduisant à l'état de dissolution, entre les éléments des brèches, dans les sables et les grès friables, et au sein des agglomérats de cailloux ou de galets, transforme ces roches incohérentes ou peu consistantes en matériaux solides et résistants. »

Vous venez de voir, Messieurs, que l'on n'explique l'équilibre entre les poussées et les pressions qu'après la formation des bassins, c'est-à-dire lorsque les eaux séjournent déjà dans leur lit. Nous sommes donc en droit de demander aux plutoniens d'expliquer d'abord la formation des premières pellicules terrestres, ensuite de répondre à cette autre question :

La vapeur d'eau portée à 200° exerce une force de tension égale à 45 atmosphères ou égale à 155 kilogr. par centimètre carré. Donc, la première couche de notre globe, c'est-à-dire une pellicule, aurait été soumise, au moment de la solidification, à une force de tension extraordinaire provenant des corps en fusion.

Poisson raisonne ainsi : Si nous adoptons l'hypothèse des plutoniens, la température du centre de la terre dépasserait deux cent mille degrés ; les matières dont la terre est formée se trouveraient à l'état de gaz incandescent et à un tel degré de condensation que leur densité moyenne excèderait cinq fois celle de l'eau ; or. pour contenir des matières ainsi comprimées et échauffées, il faudrait une force dont on ne saurait se faire aucune idée ; la couche solidifiée enveloppante ne serait jamais assez puissante pour résister à l'effort que produiraient les fluides intérieurs, et ces fluides par leur puissance de dilatation auraient brisé l'enveloppe solide extérieure à mesure qu'elle se serait formée. D'ailleurs, comment pourrions-nous, encore une fois, nous accommoder des hypothèses neptunienne et plutonienne, puisque ces hypothèses ne peuvent rendre compte ni de la force initiale qui a imprimé un mouvement rectiligne à notre globe, ni de la force centrifuge qui tend à éloigner tous les corps du centre de la terre et à former ainsi un vide, et par conséquent une source de froid au centre de la terre?

Ce fait réduit au néant le système plutonien, qui admet l'existence d'un feu central.

Enfin, avec les hypothèses adoptées par les neptuniens et par les plutoniens, on est aussi dans l'impossibilité d'expliquer l'origine de notre système planétaire, le mouvement de rotation des planètes, leur mouvement de translation autour du soleil et le refroidissement de la terre, puisque l'atmosphère empêche la chaleur de la terre de se dissiper dans l'espace et l'empêche d'autant plus que l'air est plus dense.

Etudions maintenant, Messieurs, le système reposant sur une hypothèse astronomique, à la tête duquel se distinguent Buffon, Herschell et Laplace.

Buffon suppose qu'une comète tombant sur le soleil en a chassé un torrent de matière qui s'est réunie au loin en divers globes plus ou moins grands et plus ou moins éloignés du soleil. Ces globes devenus, par leur refroidissement, opaques et solides, sont les planètes et leurs satellites.

Pour apprécier cette opinion, il suffit de citer quelques mots de Laplace, touchant Buffon : « Je rejette cette hypothèse, parce que les mouvements des planètes et de leurs satellites deviennent inexplicables. »

Voyons comment Herschell explique la formation de la terre et de ses autres planètes.

Herschell, en observant les nébuleuses au moyen de puissants télescopes, a pu suivre le progrès de leur condensation.

Il a d'abord remarqué la matière nébuleuse répandue en amas divers ; il a vu dans quelques-uns de ces amas une matière faiblement condensée autour d'un ou de plusieurs noyaux peu brillants ; dans d'autres nébuleuses, ces noyaux répandent un plus vif éclat. Les atmosphères de chaque noyau venant à se séparer par une condensation, il en résulte des nébuleuses multiples formées de noyaux brillants très-voisins et environnés chacun d'une atmosphère. Quelquefois, la matière, en se condensant d'une manière uniforme, produit des nébuleuses désignées sous le nom de planétaires.

Enfin un plus haut degré de condensation transforme toutes ces nébuleuses en étoiles.

Mitchell a remarqué combien il est peu probable que les étoiles des Pléiades, par exemple, aient été resserrées, dans l'espace étroit qui les renferme, par les seules chances du hasard. Il en a conclu que ce groupe d'étoiles et les groupes semblables que le ciel nous présente sont les effets d'une cause primordiale ou d'une loi générale de la nature.

La théorie d'Herschell est aussi en contradiction avec nos théories astronomiques.

L'on constate aujourd'hui que les nébuleuses ne

sont pas ce que l'astronome anglais s'était imaginé.
Le télescope de lord Ross laisse apercevoir des
étoiles parfaites là où l'on croyait voir une matière
nébuleuse et diffuse qui se transformait en mondes
nouveaux. Nous sommes donc conduits à affirmer
que des instruments plus puissants résoudront un
jour les nébuleuses réfractaires en de véritables
étoiles. Comme le dit très-bien M. l'abbé Fabre,
professeur à la Sorbonne, dont je me plairai quelquefois à citer le témoignage :

« Il est probable que notre système planétaire pa-
raîtrait une nébuleuse à un observateur placé sur
une nébuleuse très-éloignée. »

Prêtons maintenant, Messieurs, notre attention à
l'opinion émise par l'illustre Laplace :

« L'atmosphère du soleil, dit-il, ne peut pas
s'étendre indéfiniment. Sa limite est le point où la
force centrifuge balance la pesanteur. En supposant
donc que l'atmosphère de cet astre se soit étendue à
une époque jusqu'à sa limite, elle a dû en se refroidissant abandonner les molécules situées à cette
limite et aux limites successives produites par l'ac-
croissement de la rotation du soleil. Ces molécules
abandonnées ont continué à circuler autour de cet
astre puisque les forces centrifuges étaient contre-
balancées par leur pesanteur. Mais l'égalité de ces
deux forces ne se produit pas par rapport aux
molécules atmosphériques placées sur les parallèles
à l'équateur solaire; celles-ci se sont rapprochées par
leur pesanteur de l'atmosphère solaire à mesure

qu'elles se condensaient, et elles n'ont cessé de lui appartenir.

« Considérons, maintenant, les zones des vapeurs successivement abandonnées. Ces zones ont dû former par leur condensation et l'attraction mutuelle de leurs molécules divers anneaux concentriques de vapeurs circulant autour du soleil. Si toutes les molécules d'un anneau de vapeur continuaient à se condenser sans se désunir, elles formeraient à la longue un anneau liquide ou solide. Mais par suite de la régularité que cette formation exige dans toutes les parties, le refroidissement a dû rendre ce phénomène extrêmement rare. Aussi, le système solaire n'en offre qu'un seul exemple : celui des anneaux de Saturne. Presque toujours, chaque anneau de vapeur a dû se rompre en plusieurs masses qui, mues avec des vitesses très-peu différentes, ont continué à circuler à la même distance autour du soleil. Ces masses ont dû prendre une forme sphéroïdique avec un mouvement de rotation dans le sens de leur révolution. Ces masses ont donc formé autant de planètes à l'état de vapeurs. Si nous suivons encore les changements qu'un refroidissement a dû produire dans les planètes à l'état de vapeurs, nous verrons naître au centre de chacune d'elles un noyau, s'accroissant sans cesse par la condensation de l'atmosphère qui l'environne. Ensuite les planètes avec leurs satellites seraient passées bien plus tard à l'état liquide, et un lent refroidissement provenant du rayonnement de leur chaleur dans l'espace les aurait sensiblement solidifiées. »

Laplace a fait, ainsi que nous venons de le voir, une hypothèse grandiose pour essayer d'expliquer l'origine de notre système planétaire et celle de la terre.

Le système de ce savant nous paraît aussi sujet à la critique. Il admet une atmosphère dont la limite est le point où la force centrifuge balance la pesanteur. Mais comment, d'après cet équilibre, serait-il possible que des masses gazeuses de l'atmosphère solaire se fussent détachées d'une sphère? En vertu de quelle force ce phénomène se serait-il produit? On nous répondra peut-être : en raison d'un refroidissement qu'aurait subi l'atmosphère solaire, à la suite duquel il y aurait eu des contractions ; mais cette explication est en contradiction avec la formation du système planétaire.

En effet, les plus grosses planètes sont les plus éloignées du soleil, et ont en même temps une densité beaucoup plus faible que celle de la terre, tandis que les plus petites ont une densité moyenne comparable à celle de la terre. Je citerai pour exemple Mercure, la plus rapprochée du soleil, qui a une densité égale à 1,501, la masse est 0,081 et l'intensité de la chaleur est représentée par 6,67 ; Neptune, la plus éloignée, a une densité de 0,236, très-inférieure à la première, la masse est 20,231, et l'intensité de la chaleur est 0,001.

Cependant le refroidissement étant plus grand, comme on le voit, à la limite de l'atmosphère solaire, la contraction devrait être aussi beaucoup plus grande, si la planète s'était formée à la suite d'un refroidissement, en admettant toujours l'équilibre entre la force centripète et la force centrifuge, sans lequel le système de Laplace ne saurait exister.

Il se présente une seconde objection.

Les plus grosses planètes ayant un mouvement de rotation plus rapide autour de leur axe, ont l'aplatissement le plus considérable; cependant Mars présente une exception : il tourne sur lui-même en 24 heures environ, comme la Terre ; mais son aplatissement, qui est évalué à $\frac{1}{33}$, est dix fois plus grand que celui de notre globe qui est $\frac{1}{330}$. Ce résultat offre une objection sérieuse à la théorie de Laplace, qui suppose que les planètes sont des fragments détachés de l'atmosphère solaire.

Donc, la théorie de Laplace, vraie au point de vue des sciences mathématiques, est complétement fausse en ce qui concerne la matière originaire de la planète.

Toulouse, imp. Pradel, Viguier et Boé, rue des Gestes, 6.

DEUXIÈME LEÇON

DE

GÉOGONIE

PAR

M. F.-G.-V. ALEXANDRE

Professeur de Mathématiques.

TOULOUSE

HENRI DUCLOS, LIBRAIRE-ÉDITEUR

(ANCIENNE MAISON DELBOY)

54, RUE DES BALANCES, 54

—

1877

DEUXIÈME LEÇON

DE

GÉOGONIE

PAR

M. F.-G.-V. ALEXANDRE

Professeur de Mathématiques.

TOULOUSE

HENRI DUCLOS, LIBRAIRE-ÉDITEUR

(ANCIENNE MAISON DELBOY)

54, RUE DES BALANCES, 54

—

1877

OUVRAGES DU MÊME AUTEUR :

Traité explicatif de l'Ecriture sainte, approuvé par Mᵍʳ d'Astros.

Traité d'Arithmétique.

Traité de Trigonométrie.

Traité sur les Approximations.

Jésus, fils de Dieu.

Les quatre Evangélistes.

Mémoires relatifs à la Loterie toulousaine, en vue de l'achèvement de la cathédrale de Toulouse, loterie dont M. Alexandre a été le promoteur et l'auteur. (Cette loterie a rapporté net quatre cent mille francs.)

DEUXIÈME LEÇON DE GÉOGONIE

Parcourons, Messieurs, toutes les phases de la création, et démontrons que l'intervention divine confirme les lois reconnues par les savants.

Pour expliquer la création du monde, nous considérerons la matière sous quatre états :

État atomique, gazeux, liquide et solide.

De là deux sortes de matières :

1° La matière pondérable-imperméable.

Elle se divise en matière organique et inorganique.

2° La matière atomique-impondérable ; elle est répandue dans tout l'espace, même dans le vide le plus parfait.

Plusieurs faits établissent l'existence de cette dernière matière.

Les corps lumineux vibrent, comme les corps sonores ; leurs vibrations se communiquent à la matière éthérée ; elles se propagent dans ce fluide en donnant lieu à des ondes.

Par exemple, lorsqu'une couche de la matière éthérée est le siége des vibrations, l'ébranlement se propage aussitôt dans les couches environnantes de manière que chacune d'elles transmet son mouvement à la couche suivante ; elles rentrent en repos dès que l'ébranlement originaire vient à cesser.

M. Daguin, de la Faculté de Toulouse, dit :

« Le système des ondulations a entraîné tous les

contradictoire à la science, en est au contraire
l'axiome.

Quand Dieu voulut qu'une partie de cette matière
atomique se contractât, un vide se fit, à la suite
duquel succéda un grand refroidissement.

Plusieurs expériences justifient que le vide est une
source de froid. Citons les suivantes :

On doit à Leslie une expérience remarquable au
moyen de laquelle on congèle l'eau dans le vide.
On met sous le récipient de la machine pneumatique
une petite capsule, dans laquelle on verse un peu
d'eau. Au-dessous de cette capsule, on dispose un
vase rempli d'acide sulfurique concentré. On raréfie
l'air, l'eau s'évapore et tend à saturer l'espace ; mais
comme l'acide sulfurique absorbe à mesure les
vapeurs qui se forment, la dilatation continue, et
l'évaporation fait perdre assez de chaleur à l'eau
pour qu'elle se congèle.

Les neiges et les glaces perpétuelles qu'offrent les
hautes montagnes sont dues à l'air raréfié. En effet,
les montagnes et les ascensions aérostatiques nous
offrent le moyen de constater que la température
s'abaisse à mesure que l'on s'élève, et de plus les
couches d'air deviennent de moins en moins denses.

Fourier évaluait la température au-delà des
limites de l'atmosphère à 50 degrés au-dessous de 0 ;
M. Saigey est arrivé, il y a quelques années, à
prouver que la température au-dessus de l'atmosphère était de 60 degrés au-dessous de 0, c'est-à-
dire au-dessous de la glace fondante.

Enfin, l'eau se congèle lorsqu'on la met au centre
d'une flamme. Les fluides se congèlent au sein de

la matière atomique, à plus forte raison dans le vide absolu. Cela dit, passons à la formation de la terre :

˜ 1º Les corps simples, au nombre de 64 , étaient à l'origine du monde à l'état atomique, et sous l'influence d'un grand refroidissement, conséquence du vide qui se fit au sein de la matière éthérée. Ces corps formèrent la première matière pondérable-impénétrable.

Cette vaste sphère de gaz, privée complétement de chaleur dut se liquéfier instantanément. Mais ce passage à l'état liquide ne pouvait s'effectuer que par la combinaison des corps simples, sollicités à s'unir par l'affinité.

C'est ainsi que les corps composés se formèrent ; les uns restèrent à l'état de gaz, les autres à l'état liquide, d'autres se solidifièrent.

De là un nombre infini de combinaisons qui eurent lieu sur tous les points de la sphère terrestre en fusion.

Pour conserver la clarté dans nos démonstrations, nous allons d'abord établir l'existence des pressions au sein de la matière pondérable à l'état gazeux.

Permettez-moi , Messieurs , de prendre quelques exemples , afin de donner une idée de la pression exercée par les gaz :

La pression de l'atmosphère sur un centimètre carré est égale au poids d'une colonne de mercure qui aurait un centimètre carré de base , et pour hauteur 0,76 centimètres ; le volume de la colonne serait 76 centimètres cubes ; multipliant ce volume par 13,6, poids spécifique du mercure , on obtiendra une pression égale à 1 kilog. 33 grammes.

La surface du corps de l'homme est à peu près égale, en moyenne, à 1 mètre carré ou 10000 centimètres carrés. Cette surface supporte de l'air environnant une pression de dehors en dedans de 17500 kilogrammes.

Si on prend deux hémisphères creux en métal, pouvant s'appliquer exactement l'un sur l'autre, l'un d'eux porte un robinet par lequel on peut extraire l'air contenu dans la sphère. Après cette opération les deux hémisphères sont pressés l'un contre l'autre par le poids de l'atmosphère avec une force considérable. Cette force est égale au poids d'une colonne de mercure qui aurait pour base l'ouverture d'un des hémisphères et pour hauteur celle du baromètre. Si par exemple, le diamètre était de 20 centimètres, l'effort serait de 314 kilogrammes environ.

L'aplatissement de la terre, et un grand nombre de phénomènes géologiques démontrent que notre planète a été primitivement à l'état de fusion.

2° Etablissons que la chaleur résultant des combinaisons chimiques et de l'électricité était plus que suffisante pour tenir à l'état liquide toutes les roches, même les plus réfractaires.

D'abord tous les gaz produisent de la chaleur quand on les comprime : ainsi, l'air comprimé au cinquième de son volume enflamme l'amadou, ce qui exige une chaleur de 300 degrés au moins.

Les combinaisons chimiques sont des sources puissantes de chaleur; elles se multiplient à la suite des pressions exercées au sein de la matière réduite à l'état de gaz.

Un kilogramme d'hydrogène dégage en s'unissant

à l'oxygène 34462 calories. Newman, en brûlant un mélange d'oxygène et d'hydrogène, pour faire de l'eau, est parvenu à produire une température capable de fondre facilement le platine, les autres métaux réfractaires et la plupart des terres.

Il en est de même d'un gaz combustible quelconque quand on le mélange avec l'oxygène, il se produit une température très-élevée.

L'oxyde de carbone dégage 5700 calories.

L'hydrogène protocarboné et le bi-carboné dégagent, le premier 13000 calories, et le second 12000.

Or, l'hydrogène et l'oxygène existent à l'état de combinaison dans toutes les eaux, dans toutes les matières organiques, soit animales, soit végétales ; de plus, l'hydrogène et l'oxyde de carbone sont des agents de réduction des plus énergiques.

Il faut signaler encore une autre source de chaleur, non moins importante que la première.

C'est l'électricité.

L'abondance de cet agent répandu dans l'atmosphère, a été constatée par Saussure, en France ; par Franklin, en Amérique ; par Canton, en Angleterre ; par Beccaria, en Italie, et Richmann, en Russie. Ils ont reconnu que l'air est chargé d'électricité, alors même que le ciel est serein ; les nuages orageux contiennent aussi une quantité prodigieuse de ce fluide.

De Romas, en 1759, lança un cerf-volant pendant un orage assez faible et obtint des centaines d'étincelles, dont quelques-unes avaient jusqu'à 4 mètres de longueur et 3 centimètres d'épaisseur, et produisaient plus de bruit qu'un coup de pistolet.

Wilson, Henley, Volta, Marx, sont parvenus à électriser des corps par le choc d'un courant d'air.

Faraday reconnut que l'air humide, ou mêlé de poussières diverses, dégageait une très-grande quantité d'électricité.

Enfin, l'électricité se forme encore dans le vide; M. Harris a fait de nombreuses expériences pour le prouver.

L'électricité, avons-nous dit, est une puissante source de chaleur. En effet, quand l'électricité passe à travers des substances combustibles, elle les enflamme.

Ludolff enflamma l'éther; Winckler de l'eau-de-vie; Gralath ralluma une bougie qu'il venait de souffler, en dirigeant une étincelle à travers la mèche; Boze parvint à enflammer de la poudre.

Quand on fait passer la décharge d'une batterie électrique à travers un fil métallique, ce fil s'échauffe, fond ou se volatilise, suivant la force de la source. Avec de grandes batteries, on peut fondre un fil de fer de 12 à 15 mètres de longueur. La fusion peut s'opérer dans l'eau. Les tiges minces de métal, comme les fils de fer des sonnettes, sont souvent fondues par la foudre. La chaleur engendre aussi des courants électriques.

Néanmoins, de grands refroidissements succèdent à la haute température produite par les diverses sources de chaleur dont nous venons de parler.

Ces refroidissements sont causés, soit par la dilatation des gaz, soit par voie de rayonnement, soit enfin par l'évaporation des liquides.

En effet, lorsque l'on comprime l'air ou un gaz

quelconque de manière à lui faire occuper un volume cinq fois plus petit, on développe une chaleur de 300 degrés au moins ; par conséquent, si un volume d'air, au lieu de supporter cinq atmosphères, se trouvait instantanément sous la pression d'une atmosphère, il devrait se produire la même absorption de chaleur, c'est-à-dire que la température de l'air devrait s'abaisser de 300 degrés. On conçoit d'après cela, que le froid résultant de la dilatation des gaz sera d'autant plus grand que la compression primitive sera plus forte, et par ce moyen on pourra produire un froid illimité.

Peclet, ancien inspecteur de l'Université de France, rapporte le fait suivant :

« On avait observé depuis longtemps dans les salines de Hongrie, que l'air fortement comprimé sous une grande masse d'eau, en se dégageant, produisait assez de froid pour congeler l'eau. »

La terre dégagée de toute atmosphère devait rayonner rapidement vers les espaces, et perdre aussi rapidement une portion de sa chaleur, et cette source de déperdition jointe à d'autres devint assez considérable pour que la surface du globe se solidifiât d'une manière persistante. Alors la croûte terrestre s'épaissit de plus en plus par la formation de nouvelles couches terrestres.

La dilatation de l'air, comme moyen de produire le froid, est supérieure à tous les autres ; car la chaleur absorbée est égale à celle qui serait émise par une compression égale à la dilatation ; mais la densité de l'air étant très-petite, le froid est presque instantané.

La terre en fusion étant sans atmosphère, la dilatation des gaz devant être d'autant plus considérable que la compression exercée sur eux par les masses en fusion était plus grande, il s'ensuit que le froid résultant de cette dilatation était suffisant pour solidifier la partie extérieure de la terre.

Pour terminer l'examen des différentes causes de refroidissement, il ne reste plus qu'à examiner les effets provenant de l'évaporation des liquides et du rayonnement de la matière en fusion.

Les gaz ont une grande tendance à se mélanger, même à travers des ouvertures imperceptibles. Or, l'air qui presse sur un liquide étant poreux, la vapeur se forme dans les points de la surface qui correspondent aux intervalles des molécules de ce gaz, et la vapeur produite se mêle peu à peu à l'air jusqu'à ce que l'espace soit saturé. Si l'espace raréfié est illimité, et l'air très-agité, l'évaporation se fera très-rapidement; par conséquent, la température diminue de plus en plus, ce qui explique comment la surface de notre globe dût se solidifier.

Enfin, le rayonnement est une source de froid. Pictet et Six ont constaté que l'herbe présentait, par une nuit calme et sereine, 7° à 8° de moins que l'air à 2 mètres de hauteur. Wells est parvenu, en Angleterre, à faire de la glace pendant l'été, par le rayonnement. A Saint-Ouen, près Paris, une usine fabriquait de la glace par le même procédé.

La terre solidifiée à sa surface conserve les mêmes mouvements que ceux qu'elle possédait à l'état atomique, savoir: un mouvement de rotation autour

de son axe, et un mouvement autour d'un axe exté-
rieur, sur lequel serait placé le centre du soleil.

Ce mouvement de translation ne peut s'expliquer
qu'en vertu de l'inertie de la matière : les molécules
ne peuvent modifier d'elles-mêmes leur état de repos
ou de mouvement. La cause qui modifie ou tend à
modifier cet état est étrangère au corps.

De plus, cette cause, quelle que soit son intensité,
met toujours un certain temps pour imprimer une
vitesse à un corps en repos. Quand on donne un
coup de marteau sur la tête d'un clou, les surfaces
des deux corps restent en contact pendant un temps
très-court, mais néanmoins fini. C'est pendant ce
temps que le marteau enfonce le clou.

Les planètes, ainsi que toutes les autres étoiles,
nous offrent l'exemple de l'inertie. Tous ces corps
se meuvent dans le vide, ou du moins dans un milieu
tellement raréfié que sa résistance n'a pu modifier
leur vitesse d'une quantité appréciable. Or, comme
un phénomène est toujours un mouvement ou le
résultat d'un mouvement, tous les phénomènes sont
dus à des puissances.

Il importe donc de donner une idée du mouvement que la force infinie et éternelle a imprimé à
tous les corps célestes.

Lorsqu'une force agit sur un corps pour le mettre
en mouvement, elle ne fait, pour ainsi dire, autre
chose que verser dans celui-ci une partie de son
mouvement.

Dieu, puissance infinie et éternelle, agît à l'origine du monde sur la matière atomique d'une
densité infiniment petite, comme le courant vol-

taïque développe instantanément des mouvements circulaires à de très-grandes distances. Ce phénomène a reçu le nom de magnétisme de rotation ou de magnétisme par mouvement.

Toute la matière, quelle que soit sa nature, obéit à l'action des aimants. Muschenbroeck et Nollet ont constaté qu'une foule de corps en poudre, les cendres des végétaux, de petits fragments de substances organiques, sont altérables à l'aimant; Brugmanns, en 1778, découvrit que le bismuth est repoussé par les aimants énergiques.

Lebaillif, en 1828, a trouvé que tous les corps sont influencés par les aimants. Le P. Bancary a démontré expérimentalement que les pôles d'un électro-aimant agissent par répulsion sur la flamme et la fumée d'une lampe, ainsi que sur la vapeur d'eau. Donc, le fluide électrique, impondérable et peut-être impondéré, met en mouvement dans un temps infiniment court tous les corps, quelle que soit leur nature.

La terre était à son origine dépouillée de toute atmosphère. En effet, s'il en avait été autrement, comment aurait-elle pu se refroidir ? car l'air est privé du pouvoir émissif; de plus, sa conductibilité pour la chaleur est presque nulle.

On sait encore que les rayons solaires qui pénètrent l'atmosphère terrestre, n'arrivent à la surface de la terre qu'après avoir éprouvé une diminution d'intensité, d'autant plus considérable qu'ils ont parcouru une plus grande épaisseur atmosphérique. Ainsi l'atmosphère affaiblit l'intensité des rayons solaires. Alors la terre rayonne à son tour de la chaleur obscure qui est interceptée par l'air dans une proportion beaucoup plus grande que la chaleur lumineuse, de sorte qu'en définitive, dit Peclet : « L'atmosphère diminue la rapidité du refroidissement de la terre, et comme ce dernier effet l'emporte de beaucoup sur le premier, le résultat total est d'augmenter la température du globe. »

Donc il est absurde de supposer que la terre avait à son origine une atmosphère.

En second lieu, la terre est antérieure au soleil. Pouillet a calculé la quantité de chaleur émise par le soleil, et reçue par la terre dépourvue d'atmosphère. Cette chaleur solaire suffirait pour fondre en une année une couche de glace de 4 mètres d'épaisseur enveloppant la surface du globe ; tandis que la chaleur intérieure de notre globe ne pourrait fondre, d'après Fourier, pendant 100 ans, qu'une couche de glace de 3 mètres d'épaisseur.

Comment la terre se serait-elle refroidie, si elle avait été entourée d'une atmosphère ? Comment se serait-elle solidifiée jusqu'à une certaine profondeur à la suite d'un refroidissement, si la création du soleil avait été antérieure à celle de notre planète ?

L'électricité, la chaleur et la lumière, instruments de la Divinité, étaient également répandus, à l'origine du monde, sur toute la surface de la terre, depuis le pôle arctique jusqu'à l'antarctique. Les zones climatologiques n'existaient nullement ; car l'on trouve dans toutes les zones terrestres, à l'état fossile, les formes animales et végétales gigantesques, dont les analogues vivants n'habitent aujourd'hui que la zone équatoriale.

Je ne puis passer sous silence un passage très-remarquable de d'Orbigny :

« L'éléphant, le rhinocéros, le chameau , l'hippopotame, le lion , le tigre, la girafe, l'autruche, les crustacés, les insectes , les mollusques sont plus grands et plus beaux dans la zone équatoriale. Au-delà, les formes décroissent et les géants des pays tempérés sont l'ours, le loup, le cygne, l'oie; dans les groupes inférieurs les formes diminuent aussi ; nos insectes sont d'une taille très-petite. »

Cette loi de décroissement de l'intensité de la vie dans les climats tempérés ou froids se comprend facilement. Les agents excitateurs de la vie étant la lumière et la chaleur , déterminent dans les tissus une excitation qui devient pour les animaux et pour les végétaux une cause de vitalité surabondante.

Nous sommes donc conduits à affirmer que la chaleur et la lumière ne provenaient pas d'un centre commun ; mais bien qu'elles étaient répandues avec la même intensité sur toute la surface du globe.

Voici un rapport de F. Jehan :

« La belle famille des palmiers, aujourd'hui composée d'environ 1000 espèces, pour la plupart originaires des pays intertropicaux, présente en abondance des tiges, des fruits et des feuilles dans les formations tertiaires de toute l'Europe. L'*endogenites echinatus* de Ad. Brongniart, beau tronc fossile de 13 décimètres de circonférence, a été trouvé dans le calcaire grossier de Soissons. D'autres troncs de palmier, d'une taille considérable, ont été découverts dans les formations d'eau douce de Montmartre. »

M. A. Chaubard rapporte ce fait :

« On trouve en Europe l'éléphant, le rhinocéros, l'hippopotame, le tigre, à l'état fossile. »

Que la science moderne entende par le mot jour, donné par Moïse aux différentes phases de la création, des jours-périodes ou des jours de 24 heures, le récit de Moïse n'en est pas moins marqué au coin de la plus irréfutable comme de la plus scientifique des vérités. Mais si je tiens de tout point à démontrer que les six jours dont parle Moïse sont véritablement des jours de 24 heures, c'est qu'il est absurde de les considérer comme des jours-périodes ; ensuite, c'est que l'esprit de système s'efforçant à faire servir la science à la négation de toute vérité religieuse, prétend par ses affirmations aussi audacieuses que peu justifiées invalider le récit des Ecritures saintes, en insinuant que Moïse, s'abusant sur ce point, a pu sans doute nous tromper sur tout, et que conséquemment l'exposition biblique ne mérite aucune créance.

Nous ne partageons point non plus à aucun titre les tendances de l'école concessionniste qui, ignorant les piéges tendus, s'accommode facilement du système des jours-périodes, quoique avant l'éclosion d'une certaine science, elle s'en fût montrée l'ennemie déclarée.

Moïse, dans la Genèse, entend parler de jours de 24 heures et non de jours-périodes.

Les versets suivants extraits du Pentateuque ne laissent aucun doute à ce sujet.

Dans la Genèse, chap. II, verset 3, Moïse s'exprime ainsi

« Dieu bénit le septième jour, et il le sanctifia

· 3

parce qu'il avait cessé en ce jour de produire tous les ouvrages qu'il avait créés. »

Exode, chap. XX, verset 11, Moïse s'exprime de la sorte :

« Car le Seigneur a fait en six jours le ciel, la terre et la mer, et tout ce qui y est renfermé, et il s'est reposé le septième jour. C'est pourquoi le Seigneur a béni le jour du Sabbat et l'a sanctifié. »

Exode, chap. XXXI, verset 15, Moïse dit à son peuple :

« Vous travaillerez pendant six jours, mais le septième jour est le Sabbat et le jour du repos consacré au Seigneur. Quiconque travaillera ce jour-là sera puni de mort. »

3° Passons à la création de la lumière.

« Dieu dit : Que la lumière soit faite, et la lumière fut faite. Le Seigneur vit que la lumière était bonne, et il la sépara des ténèbres. »

On comprend très-bien qu'il n'a pas fallu à cette cause surnaturelle des myriades d'années pour créer et répandre la lumière dans des espaces immenses.

Œrstel attribue la lumière à des décharges électriques, se faisant par décomposition et des recompositions successives dans un milieu qui remplit l'espace. Elle est transmise par des mouvements vibratoires.

Huyghens résume sa théorie sur la lumière dans ces quelques lignes :

« Les molécules des corps lumineux sont animées de mouvements vibratoires très-rapides, qui se communiquent à la matière éthérée et s'y propagent. »

Cette théorie d'Huyghens se justifie parfaitement par les phénomènes suivants :

Il y a des gaz qui deviennent lumineux sous l'influence d'une température très-élevée produite le plus souvent par les combinaisons avec l'oxygène. En effet, l'élévation de température dilate les corps et produit un mouvement dans leurs molécules.

Tous les corps deviennent lumineux au moins dans l'obscurité, quand ils sont portés à une température suffisamment élevée. Aussi la chaleur, à partir d'un certain degré, se transforme en lumière, et par conséquent toute source calorifique peut devenir une source de lumière si elle est assez énergique.

L'électricité peut donner aussi une lumière très-vive.

L'électricité fournit de la lumière dans le vide barométrique, qui est le plus parfait que l'on connaisse. L'homme lui-même fait de nos jours des soleils électriques ; un seul suffit pour éclairer une grande ville tout entière et instantanément.

La vitesse de la lumière étant de 72,000 lieues par seconde, elle parcourt dans 24 heures 6 milliards 320 millions 800 mille lieues ; la chaleur a la même vitesse. L'électricité a une vitesse de près du double.

Lorsqu'on observe avec soin le système planétaire dont la terre fait partie, on ne tarde pas à s'apercevoir : 1° que les planètes et leurs satellites sont des sphéroïdes aplatis vers leurs pôles ; 2° que leur lumière a une origine commune ; 3° de plus, toutes ont un mouvement de l'ouest à l'est.

L'aplatissement indique d'une manière positive que tous ces globes ont été originairement à l'état fluide, et qu'ils ne se sont solidifiés par le refroidissement qu'après avoir reçu le mouvement de rotation dont ils sont animés.

Le soleil, les planètes, les satellites appartiennent, comme la terre, à une source lumineuse.

En effet, lorsque la lumière blanche traverse un prisme, les rayons émergents forment une image brillamment colorée. On la nomme spectre solaire.

On distingue sept couleurs principales : Le violet, l'indigo, le bleu, le vert, le jaune, l'orangé et le rouge.

Le spectre solaire offre une particularité importante : il contient une multitude de petites bandes brillantes, séparées par des espaces noirs et très-étroits, ou plutôt par des lignes obscures. On leur a donné le nom de raies du spectre.

Fraüenhofer a constaté que les raies du spectre solaire changent d'aspect et sont distribuées différemment dans les spectres formés par différentes sources de lumière ; tandis qu'elles conservent le même aspect et la même distribution dans les spectres formés par une même source.

Ainsi la lumière solaire ou réfléchie, aussi bien que celle de la lune et des planètes, proviennent de la même source, puisqu'elles donnent des raies disposées de la même manière.

Par exemple, en regardant avec le même prisme Mars, Jupiter, Vénus, etc., on distingue les raies dans le même ordre et aux mêmes distances que dans le spectre solaire.

Fraüenhofer ayant encore observé à travers un prisme plusieurs étoiles de première grandeur, trouva encore des raies noires, mais distribuées autrement que dans le spectre solaire, et d'une manière différente quand on passe d'une étoile à une autre.

Ainsi on ne voit pas de raies dans le jaune et l'orangé de Sirius. On en voit deux dans le bleu et une surtout bien marquée dans le vert.

On retrouve également ces raies dans les spectres formés par les lumières artificielles ; seulement leur position et leur nature changent en général en passant d'une lumière à une autre. La lumière électrique donne des raies brillantes au lieu de raies obscures.

Enfin, toutes les planètes, aussi bien que leurs satellites, se meuvent, comme nous l'avons déjà dit, dans une même direction de l'ouest à l'est.

Les planètes ont deux mouvements, l'un de translation autour du soleil, l'autre de rotation autour de leur axe. Les satellites ont un mouvement de translation autour de leurs planètes. Leur mouvement de rotation s'effectue dans le même temps que le mouvement de translation.

Nous avons donc démontré qu'un jour de 24 heures était nécessaire et suffisant pour la formation de la lumière et la répandre dans une sphère d'un rayon de 6 milliards 220 millions 800 mille lieues.

Nous sommes irrésistiblement arrivé à ce corollaire : qu'il existe une force distincte de la matière, et dont les effets se produisent sur une étendue incommensurable, dans un temps extrêmement court, et d'après les lois reconnues par la science.

Passons au second jour.

Dieu dit : « Que le firmament soit fait au milieu des eaux ; qu'il sépare les eaux d'avec les eaux, et

Dieu fit le firmament, et il sépara les eaux qui étaient sous le firmament, de celles qui étaient au-dessus du firmament. »

Ce fut le jour que Dieu choisit pour envelopper la terre d'une atmosphère dont la couleur azurée se montre à la suite d'un très-grand nombre de couches aériennes superposées les unes sur les autres. L'Ecriture donne à cette voûte azurée le nom de ciel, comme nous disons vulgairement. Et le firmament est tout l'espace que nous voyons. Ce qui s'accorde très-bien avec la Genèse, chap. I, verset 14 :

« Dieu dit que des corps de lumière soient faits dans le firmament, etc. »

Reste à démontrer que tout cela se fit dans un jour de 24 heures.

Quelle est l'origine de l'atmosphère terrestre et quel est son rôle ?

L'évaporation était à l'origine du monde si abondante et le rayonnement calorifique si grand, que le refroidissement s'opérait avec une excessive rapidité. L'eau à l'état solide comme à l'état liquide se vaporisait sur toute la surface du globe, car ce liquide n'était soumis à aucune pression extérieure.

Cette vapeur d'eau devait bientôt former une vaste enveloppe autour du globe. En effet, un décimètre cube d'eau fournit mille huit cents décimètres cubes de vapeur. Pour se faire une idée de l'espace qu'occuperait l'eau à l'état de gaz, prenons, par exemple, un milliard de décimètres cubes de ce liquide, on aurait mille huit cents milliards de décimètres cubes de vapeur.

A cette quantité infinie de vapeur d'eau produite

presque instantanément, vinrent se mélanger deux gaz permanents et peu solubles dans l'eau : l'oxygène et l'azote.

Ainsi fut formée l'atmosphère.

Alors la pression exercée par celle-ci sur l'eau ralentit beaucoup la transformation de l'eau en vapeur. La température étant sensiblement la même sur toute la surface du globe, il s'établit un équilibre qui retardait le moment de la saturation de notre atmosphère.

Quel est le rôle de l'atmosphère ?

M. Daguin appelle l'atmosphère « le vêtement du globe ; sans elle nous passerions de la chaleur excessive produite pendant le jour par les rayons solaires, dont aucune portion ne serait interceptée, au froid intense qui résulterait pendant la nuit du rayonnement entièrement libre vers l'espace. »

M. Saigey raisonne ainsi :

« L'atmosphère tend à rendre plus égale la distribution de la chaleur solaire pendant le jour ; l'air en absorbe une partie qui sert à l'échauffer ; pendant la nuit, au contraire, l'air intercepte une partie des rayons obscurs émis par le sol, et en se refroidissant lui-même il se contracte, et ramène à l'état sensible la chaleur latente qu'il avait absorbée pour se dilater. »

Donc le second jour de la création fut aussi un jour de 24 heures. En effet, on conçoit qu'il ne fallait pas des milliards d'années pour former une atmosphère résultant, comme nous venons de le démontrer, d'un mélange d'oxygène, d'azote et de vapeur d'eau qui se trouvaient répandus sur toute la surface terrestre.

De plus, la terre était alors soumise à deux actions simultanées : la chaleur émanant de la combinaison des corps simples et des corps composés , et le froid provenant du passage de l'eau à l'état de vapeur ; cette transition était inévitable, puisque les eaux étaient en contact avec le vide absolu sur toute la surface du globe. Ajoutons que l'eau résulte de la combinaison de l'hydrogène avec l'oxygène. Cette combinaison s'enrichit d'autres substances; donc il est naturel qu'à l'origine du monde l'eau fût très-abondante.

Le quatrième jour, Dieu dit :

« Que des corps de lumière soient faits dans le firmament du ciel , afin qu'ils séparent le jour de la nuit, et qu'ils servent de signes pour marquer les temps, les saisons, les jours et les années. »

Dieu fit deux grands corps : le soleil et la lune ; l'un plus grand pour présider au jour, l'autre moindre pour présider à la nuit. Il fit aussi les étoiles.

C'est autour du soleil que circulent plusieurs sphéroïdes opaques nommés planètes. Leur origine est la même que celle de la terre. Elles sont formées de la même matière atomique. Les substances imperméables dont elles se composent résultent des actions mutuelles des corps simples entre eux. Les mouvements que possèdent les planètes résultent aussi d'un choc unique imprimé à la sphère éthérée. Toutes les planètes décrivent des ellipses dont le soleil occupe un des foyers.

Les comètes enfin complètent notre système planétaire. Ce sont des corps opaques qui décrivent des ellipses très-allongées; mais le soleil occupe toujours le même foyer de ces courbes, c'est-à-dire que toutes ces courbes ont un foyer commun.

Le soleil a été aussi formé par la condensation de la matière atomique; cette condensation fut toujours la conséquence d'un abaissement de température provenant de la dilatation de la matière éthérée.

De là, une raréfaction à la suite de laquelle les gaz liquéfiables pouvant aussi se solidifier formèrent un noyau presque instantanément; au centre de ce noyau était le vide, provoqué par la force centrifuge; une atmosphère lumineuse entoure ce noyau solaire.

Wilson expliquait les taches du soleil en supposant cet astre composé d'un noyau sombre recouvert par une épaisse atmosphère de matière lumineuse. Les taches, d'après cet astronome, sont les parties de ce noyau obscur devenues visibles sous l'influence d'actions volcaniques qui déchirent quelquefois l'atmosphère lumineuse.

Voici comment s'exprime Lalande à ce sujet :

« Le soleil présente des éminences qui s'élèvent au-dessus d'un océan lumineux. Les pentes irrégulières où le fluide lumineux a moins d'épaisseur produisent l'aspect d'une pénombre. »

L'illustre W. Herschell dit :

« Le soleil est composé d'un noyau solide, opaque et obscur, et de plusieurs atmosphères superposées. La première atmosphère s'appuie sur le noyau et supporte une couche de nuages doués du pouvoir réflecteur. Cette couche est enveloppée à son tour par une atmosphère extérieure incandescente. Les taches sont produites par des éruptions volcaniques de matières gazeuses, parties du noyau central ;

lesquelles en s'entr'ouvrant permettent d'apercevoir
ce noyau obscur.»

Notre célèbre F. Arago avait remarqué que, lorsqu'on regarde un corps solide ou liquide avec un
oculaire biréfringent, si la lunette est dirigée nor-
malement à la surface du corps, les deux images
sont incolores; et si elle est dirigée obliquement, les
deux images ont des couleurs complémentaires.
Mais pour un gaz incandescent tel que la flamme
d'une lampe, quel que soit l'angle sous lequel sont
dirigés les rayons visuels, les images ont toujours
la même teinte. Or, c'est ce qui a lieu quand on
regarde le soleil. Si on observe le centre de cet astre,
les rayons visuels sont normaux à sa surface; si l'on
observe les bords, ils sont obliques, et dans les deux
cas les deux images présentent la même teinte.
Donc la surface extérieure du soleil est une substance
gazeuse.

Permettez-moi, Messieurs, de vous citer un passage de M. Garcet sur la constitution physique du
soleil.

« Si l'on réfléchit sur la faible valeur de la densité
moyenne du soleil (la densité du soleil est de 1,51,
environ le quart de celle de la terre) et si l'on
remarque que cette densité ne doit pas être uniforme,
mais qu'elle doit aller en décroissant du centre à la
surface, à cause de l'énorme pression que doivent
supporter les couches intérieures, on est amené à
penser que les couches extérieures ayant une densité
très-inférieure, sont à l'état gazeux. La chaleur
énorme qui règne à la surface de l'astre, et dont
nous ressentons les effets à 37 millions de lieues,

rend cette conjecture plus probable. Enfin, la facilité avec laquelle les taches du soleil se forment, se modifient et se dissolvent en quelques jours, nous fait présumer encore que ces mouvements considérables doivent s'exécuter au sein d'un milieu peu résistant, tel qu'un gaz. Il y a donc toute raison de croire que les couches extérieures de l'astre forment une atmosphère incandescente. »

Fourier a remarqué que les gaz incandescents ne sont pas susceptibles de la polarisation, comme les substances solides. F. Arago a reconnu qu'en effet la lumière du soleil est dans le cas indiqué par Fourier, ce qui prouve incontestablement qu'elle émane de substances gazeuses.

Enfin, le grand nombre de planètes télescopiques que l'on découvre souvent, étant toutes aplaties à leurs pôles, et renflées à leur équateur, sont une preuve certaine qu'elles ont été d'abord, comme la terre, des corps à l'état liquide.

On objectera : comment les substances qui composent la terre ont-elles pu se former sous l'influence de deux forces antagonistes simultanées, savoir, un foyer permanent de chaleur et une source très-intense de froid ?

La réponse est très-facile.

D'abord les vitesses de refroidissement d'un corps dans une enceinte vide ne pouvant lui envoyer de la chaleur, décroissent en progression géométrique, quand les températures diminuent en progression arithmétique ; de plus, le rapport de cette progression géométrique est le même pour tous les corps.

Or, la sphère d'activité du globe terrestre en

fusion, dépouillée de toute atmosphère, se trouvait en contact avec la matière atomique-impondérable, c'est-à-dire avec une température très-inférieure à zéro degré.

Par conséquent la vitesse de refroidissement était très-rapide ; par suite la matière se solidifiait tout autour du globe ; ces masses solides et liquides étaient retenues à la surface de la sphère terrestre en vertu de la force centrifuge.

L'exemple suivant rendra évidents les phénomènes qui se passent sur la surface d'une sphère d'activité.

Lorsqu'on dirige un jet d'acide carbonique liquide sur un corps, une portion de ce liquide se condense sur les surfaces du corps et l'on obtient de l'acide carbonique solide. La température descend à 78 degrés au-dessous de zéro ; l'intensité de ce froid est telle que des masses considérables de mercure peuvent être congelées en deux ou trois secondes. L'on sait que le mercure ne se congèle qu'à 39 degrés au-dessous de zéro.

La loi de simplicité réside toujours, comme on vient de le voir, dans l'œuvre divine. La chaleur, la lumière émanant de la combinaison, de la compénétration des corps simples, se trouvaient sans régulateur, répandues en un instant dans l'espace planétaire; à la faveur de ce vide, la matière atomique se condensa, son noyau attractif en fut la conséquence et une atmosphère lumineuse resta assujettie à ce noyau que l'on a nommé soleil.

Le soleil n'est donc qu'un centre régulateur des mouvements planétaires, de la lumière et de la chaleur. La matière éthérée restée impondérable et répandue dans l'espace, transmet dans tous les sens et à une très-grande distance les ondes lumineuses formées sans interruption autour du soleil.

Pourquoi donc le quatrième jour serait-il une époque de myriades d'années?

Il suffit d'un instant pour transformer la matière atomique en matière pondérable-impénétrable.

En effet, un grand abaissement de la température survient toujours à la suite d'un vide général opéré sur une étendue sphérique d'un rayon de 1100 millions de lieues.

Les matérialistes nous posent ici trois objections :

1° Puisque l'atmosphère formée le second jour à la suite d'un refroidissement tel que la terre en fusion se solidifiait néanmoins sur toute sa surface, comment se fait-il que la végétation fut luxuriante au milieu de l'obscurité?

La chaleur et la lumière continuèrent à se produire après le second jour de la création du monde, sur toute la surface du globe; seulement ces deux agents perdaient lentement de leur intensité au fur et à mesure que les phénomènes de la dilatation et de la raréfaction de l'air se multipliaient davantage; car Gay-Lussac s'exprime ainsi :

« Si la compression échauffe les gaz, leur expansibilité est, au contraire, accompagnée d'un refroidissement. »

L'expansibilité des gaz, après la formation de l'atmosphère, étant la conséquence des nombreuses ruptures d'équilibre qui se produisaient très-souvent sur un très-grand nombre de points de notre atmosphère, à la suite de ces ruptures, de grands vents déplaçaient de grandes colonnes d'air. Par conséquent il y avait expansibilité sur un point de la surface de la terre, et des pressions sur d'autres : il y avait aussi élévation de température d'un côté et abaissement de l'autre ; ce qui faisait que la lumière et la chaleur devenant irrégulières se maintenaient néanmoins ; et il faut bien le dire, cet état de choses n'aurait naturellement pu durer que très-peu de temps.

Voilà pourquoi Dieu choisit le quatrième jour pour créer le soleil. Certainement Dieu aurait pu créer le soleil le troisième jour. Mais alors la Divinité se serait servie pour la création du monde de moyens surnaturels. Les sciences physiques et naturelles auraient été extrêmement limitées pour expliquer les phénomènes naturels ; et les élans d'une contemplation issue de la science n'auraient jamais pu atteindre le plan incommensurable de Dieu.

Dieu, en se servant des moyens naturels pour créer le monde, a laissé aux hommes les moyens d'expliquer librement et scientifiquement tous les phénomènes sous lesquels se manifeste la nature.

Or, l'oxygène et le carbone ayant une grande affinité l'un pour l'autre, une énorme quantité d'acide carbonique devait se produire, et l'air devint alors impropre à la vie animale. Il fallait absorber cet acide ; de là cette grandiose et nombreuse végétation pour absorber cet acide carbonique : chaque arbre, chaque plante, chaque herbe devenaient de véritables absorbants ; et l'air se trouva bientôt propre à la vie animale. D'ailleurs ce troisième jour est parfaitement bien formulé dans le chap. II de la Genèse, verset 5 :

« Dieu créa toutes les plantes des champs avant qu'elles fussent sorties de la terre, et toutes les herbes de la campagne avant qu'elles eussent poussé. »

Dieu avait donc choisi l'obscurité pour créer la végétation à l'état adulte.

Ce passage biblique est parfaitement d'accord avec les sciences modernes : Richard, savant naturaliste, s'exprime ainsi :

« La lumière, loin de hâter le développement des organes de l'embryon, le ralentit d'une manière manifeste. En effet, il est constant que les graines germent beaucoup plus rapidement à l'obscurité que lorsqu'elles sont exposées à la lumière du soleil ou à une lumière équivalente. »

2° Les matérialistes nous adressent cette question :

Comment se fait-il qu'au commencement du monde on trouve des animaux très-bien développés sur toute la surface du sol ?

Citons les versets 21, 24, 25, 26, chap. Ier de la Genèse :

« Dieu créa les grands poissons et tous les animaux qui ont vie et mouvement, etc., et cette création dura le cinquième et le sixième jour. »

D'après ces versets, il est évidemment établi qu'à partir des cinquième et sixième jour, la terre, les eaux et l'atmosphère furent peuplés d'animaux, de poissons et d'oiseaux. Mais il n'y eut qu'un seul homme de créé.

Cette dernière partie de la création dont parle Moïse n'est nullement opposée aux sciences géologiques et paléontologiques, qui sont des sciences toutes d'observation.

Les géologues ont trouvé à l'état fossile toutes les espèces animales et végétales, l'homme seul excepté.

Du temps de Cuvier, et pendant de nombreuses années après la mort de cet illustre naturaliste, on n'avait rien trouvé dans les dépôts diluviens qui indiquât l'homme à l'état fossile.

Cependant, en 1837, un géologue d'Abbeville, Boucher de Perthes, avait figuré et décrit dans un ouvrage un grand nombre de silex qui semblaient avoir reçu de l'art humain des formes grossières, et il concluait de là que l'homme avait existé pendant la période diluvienne sur toutes les contrées de la terre.

M. Joly, professeur à la Faculté des sciences de Toulouse, dit :

« On a trouvé un renne à l'état fossile portant une blessure occasionnée par un coup de lance faite sur la colonne vertébrale, elle n'a pu être faite que par un homme. On a encore trouvé le front d'un ours portant un silex dont la disposition indiquait qu'il aurait été enfoncé dans le front à coups de marteau ; évidemment il fallait un homme pour accomplir un tel acte. »

Voilà tous les renseignements que l'on a sur l'homme à l'état fossile.

Il faut convenir que les savants doivent être singulièrement frappés de trouver un nombre infini de végétaux et d'animaux à l'état fossile répandus sur toute la terre, sans qu'il en soit ainsi de l'homme.

On voit donc clairement que l'homme a été créé sur un point de la terre, et qu'il n'en a pas été de même des végétaux et des animaux. En effet, on lit dans le verset 21 de la Genèse, chap. I :

Dieu dit : « Que les eaux produisent des poissons vivants. » Dieu entend parler ici de toutes les eaux de la terre.

Verset 24, Dieu dit : « Que la terre produise des animaux vivants. » Il veut encore parler de toute la terre sans exception.

Verset 26, Dieu dit : « Faisons l'homme à notre image et à notre ressemblance.» Ici, il n'indique que la création d'un seul homme.

3° Enfin, les matérialistes nous adressent encore cette objection :

La lumière des étoiles les plus voisines de la terre met trois ans pour arriver jusqu'à nous. D'après cette loi démontrée par les savants, comment serait-il possible que les étoiles eussent été créées en 24 heures ?

Remarquons, Messieurs, que la Genèse ne dit pas que les étoiles créées le quatrième jour fussent vues de la terre le jour même de leur création.

Elles ne furent visibles qu'au fur et à mesure que leur lumière arrivait sur la terre. Ainsi le premier homme vit les planètes le premier jour de sa création, et les étoiles les plus rapprochées la troisième année de son existence.

Les observations faites jusqu'ici nous autorisent à penser que la lumière de toutes les étoiles n'est pas encore arrivée jusqu'à nous.

En effet, les étoiles nous présentent des phénomènes tout à fait remarquables.

Citons l'étoile qui parut le 11 novembre 1572 avec un éclat plus vif que celui de Sirius; elle était visible en plein midi; elle commença à diminuer dès le mois de décembre; puis son éclat s'affaiblissant, finit par s'éteindre au mois de mars 1574; elle s'était éloignée de nous dans deux ans de 45750 milliards de lieues.

Dans la nuit du 25 avril 1848, Hind aperçut une étoile de quatrième ou de cinquième grandeur qui n'était pas visible auparavant; elle s'affaiblit lentement, et enfin elle s'éteignit dans le courant même de l'année.

La trente-huitième étoile de Persée a passé de la sixième grandeur à la quatrième, etc.

Messieurs, nous ne saurions trop le redire, plus nous avançons dans l'exposé de notre étude, plus nous devons reconnaître l'empreinte admirable du sceau divin. *La simplicité est la loi de Dieu.*

Un travail, quel qu'il soit, exige une cause intelligente, des moyens d'exécution, les matières sur lesquelles on doit opérer et enfin les lois qui coordonnent les différentes parties de l'œuvre qu'on doit produire.

La création des mondes a pour cause Dieu, force éternelle, intelligente, infinie.

La cause créatrice des matérialistes est, au contraire, le *res ex nihilo,* le néant, c'est-à-dire une progression géométrique ayant pour premier terme zéro et pour dernier l'homme.

Demandez à un mathématicien d'établir une telle progression. Il vous répondra : elle est absurde.

Quelles sont les matières que Dieu a employées dans son travail ?

Ce sont les 64 corps simples ; il les a unis entre eux par l'affinité ; il les a conservés en cet état par la cohésion, et nous avons ainsi les corps composés ; et les grandes masses sont liées entre elles au moyen de la gravitation.

Ainsi, Messieurs, l'homme façonne la matière inorganique, décompose et recompose presque tous les corps inorganiques. Son intelligence et ses moyens se sont arrêtés seulement devant la matière organique : il la décompose, il l'analyse ; mais il ne lui est pas donné d'aller plus loin. Dieu semble lui avoir dit, comme à la mer : *Usque huc venies, et non procedes amplius, et hic confrenges tumentes fluctus tuos.* (Job, chap. XXXVIII, verset 11).

Les neptuniens et les plutoniens nous posent cette objection :

« La croûte terrestre, d'après notre système, ne pouvait résister aux pressions intérieures du globe sans être brisée à mesure qu'elle se formait. Comment, d'après votre théorie, résistait-elle parfaitement à ces mêmes pressions ? »

Nous répondons que d'après eux, la terre ne pouvait pas se refroidir, ni par rayonnement à cause de la lourde atmosphère, ni par la dilatation, puisque tous les océans étaient répandus dans cette même atmosphère, ni par l'évaporation, puisque tous les liquides étaient déjà réduits en vapeur, et à l'état de saturation.

D'après nous, la sphère d'activité de la chaleur intérieure du globe, ne se confondant pas avec la sphère en fusion, la première finissant où les sources du froid commençaient à l'emporter sur les sources de chaleur, la fusion était lancée par les forces répulsives des gaz. De là une surface terrestre irrégulière, disloquée, fendillée, formant de grands soulèvements d'un côté, et des affaissements énormes de l'autre. Par conséquent, de là, les formations des inégalités terrestres.

Il nous est facile d'établir par des faits la limite de cette sphère d'activité.

La formation des volcans nous donne l'idée de l'intensité des pressions qui s'agitaient dans le sein de la terre en fusion.

Dans l'Océan indien, la petite île de Saint-Paul a été soulevée à une hauteur de 250 mètres.

L'archipel des Açores nous offre un exemple du même genre : c'est le rocher appelé Porto-de-Itheo. Il consiste en un vaste cratère, au milieu duquel les vaisseaux viennent en traversant une crevasse qui existe dans les parois du cirque volcanique ; les parois ont une hauteur de 130 mètres.

Les forces intérieures qui agissent sur les matières en fusion placées dans l'intérieur du globe, produisent de grands effets dans des temps très-courts.

Parmi les exemples contemporains des volcans formés par voie de soulèvement, nous nous contenterons de mentionner le Jorullo au Mexique, et le Monte-Nuovo, en Italie.

Jusque dans la première moitié de l'année 1759, le lieu où s'élève aujourd'hui le Jorullo était une plaine couverte de plantations de sucre et d'indigo, et elle était arrosée par deux ruisseaux, le Cuitomba et le San-Pedro. Au mois de juin, on y entendit des bruits souterrains, accompagnés de secousses de tremblements de terre qui durèrent 50 à 60 jours. En septembre, tout paraissait rentré dans le calme, lorsque dans la nuit du 28 au 29, les bruits souterrains recommencèrent et le terrain se souleva en forme de vessie à une hauteur de 160 mètres. On y remarque encore six grandes buttes dont la plus grande atteint une élévation de 490 mètres, c'est le Jorullo.

Le Monte-Nuovo, que l'on voit aujourd'hui au fond de la baie, sur la côte de Naples, est le résultat d'un soulèvement analogue. Le 28 septembre 1538, le fond de la mer près de Pouzzoles, fut mis tout à coup à sec sur une étendue de 1200 mètres ; les habitants en profitèrent pour enlever avec des charrettes le poisson abandonné par les eaux. Le lendemain matin, une montagne de 120 mètres de haut s'était élevée, on la nomma le Monte-Nuovo. Aujourd'hui elle a atteint 134 mètres de hauteur.

Mais ce n'est pas seulement au milieu ou près du bord des terres que les phénomènes volcaniques se manifestent ; ils se produisent également au sein des mers et donnent naissance, par le soulèvement du fond de l'Océan, à des îles dont quelques-unes continuent de subsister, tandis que les autres disparaissent.

Au mois de juin 1811, les habitants de l'île Saint-Michel furent témoins d'une éruption sous-marine, et à l'endroit où avait eu lieu l'éruption, ils virent une île nouvelle ayant 1800 mètres de circonférence, et les falaises 100 mètres de hauteur. Ce fut dans la journée du 13 juin qu'eut lieu cette étrange apparition, et le 17 du même mois, elle fut observée par le commandant de la frégate anglaise la *Sabrina*.

Les îles volcaniques sont parfois élevées, et le plus souvent elles sont réunies en groupes. Les îles de Santorin apparurent au-dessus des eaux à la suite de violents tremblements de terre. Ces îles s'accroissent successivement par des îlots soulevés sur leurs bords à des époques différentes. Je citerai encore l'île Julia qui se montra subitement au sud-ouest de la Sicile en 1831, et qui disparut peu de mois après.

Néanmoins ce serait une grande erreur de croire que l'abaissement de température à l'origine de la terre ne se faisait sentir qu'à de grandes élévations; le rayonnement était si grand sur toute la surface du globe, que la température descendait rapidement au-dessous de zéro. Les cratères et les failles, c'est-à-dire les soupapes de sûreté où les cheminées étaient si nombreuses, que la force de tension des gaz diminuait considérablement par l'effet de leur grande dilatation.

Pour se rendre compte comment les pressions intérieures diminuaient à la suite des boursoufflements volcaniques, citons la théorie de l'illustre Léopold de Buch : ce savant géologue a remarqué que tous les volcans de notre planète peuvent être rangés en deux classes essentiellement différentes : les volcans centraux et les volcans en ligne ; les premiers forment des groupes au milieu desquels s'élève un sommet principal ; les seconds sont en général peu éloignés les uns des autres, mais alignés

dans une même direction comme les cheminées
d'une grande faille. Le nombre de volcans alignés
dans une même direction varie beaucoup.

On a remarqué que dans le Nouveau-Monde on
ne rencontre que des volcans alignés, à l'exception
du Sangay et du Jorullo. En Europe, au contraire,
il n'y a que des volcans centraux et éteints depuis
longtemps.

Voilà, Messieurs, une puissance qui crée tout
dans le cours de quelques heures; voilà une matière
qui se prête à cette puissance pour recevoir d'elle
le mouvement et la vie.

Voulez-vous savoir ce qui a conduit l'homme à
l'erreur? C'est de n'avoir pu souffrir aucun être qui
lui fut supérieur. Il a cru qu'en mettant Dieu à la
tête de la création, il assujettissait la raison à la foi,
la liberté à une tyrannie.

Les concessionnistes ont cédé beaucoup aux exi-
gences des sciences humaines; les uns ont cru trouver
dans la Bible que Dieu, au lieu de créer la terre,
n'a fait que l'organiser; les autres ont cru y voir
des jours-périodes. Les premiers ont contre eux
la Vulgate qui dit formellement: *In principio
creavit Deus cœlum et terram..... Terra de aqua
et per aquam consistens Dei verbo*. Nous trouvons
dans la version samaritaine : La terre était une
matière informe, divisée jusqu'à être impalpable.
On lit dans la version arabe : *Terra erat abyssis
cooperta, obruta mari*.

Quant aux seconds, voici notre réponse :

*Ubi lex non distinguit, nec nos distinguere
debemus.*

Dieu n'a pas fait la moindre distinction, en ce qui concerne la durée des jours, entre les six jours de la création et le septième jour.

Il fit dire par Moïse au peuple hébreu : « A l'exemple de votre Dieu qui a travaillé pendant six jours et s'est reposé le septième, vous travaillerez pendant six jours et vous vous reposerez le septième. (Exode, chap. XX, verset 11.)

Depuis lors, le peuple Juif a toujours observé et observe encore ce septième jour destiné au repos. Or, ce septième jour est de 24 heures.

Donc, les six jours de la création ont été aussi des jours de 24 heures chacun.

Toulouse, imprimerie Pradel, Viguier et Boé, rue des Gestes, 6.

TROISIÈME LEÇON

DE

GÉOGONIE

PAR

M. F.-G.-V. ALEXANDRE

Professeur de Mathématiques.

TOULOUSE

HENRI DUCLOS, LIBRAIRE-ÉDITEUR

(ANCIENNE MAISON DELBOY)

54, RUE DES BALANCES, 54

—

1877

TROISIÈME LEÇON

DE

GÉOGONIE

PAR

M. F.-G.-V. ALEXANDRE

Professeur de Mathématiques.

TOULOUSE

HENRI DUCLOS, LIBRAIRE-ÉDITEUR

(ANCIENNE MAISON DELBOY)

54, RUE DES BALANCES, 54

1877

OUVRAGES DU MÊME AUTEUR :

Traité explicatif de l'Ecriture sainte, approuvé par Mgr d'Astros.

Traité d'Arithmétique.

Traité de Trigonométrie.

Traité sur les Approximations.

Jésus, fils de Dieu.

Les quatre Evangélistes.

Mémoires relatifs à la Loterie toulousaine, en vue de l'achèvement de la cathédrale de Toulouse, loterie dont M. Alexandre a été le promoteur et l'auteur. (Cette loterie a rapporté net quatre cent mille francs.)

TROISIÈME LEÇON DE GÉOGONIE

Abordons maintenant l'origine de la vie considérée sous son point de vue le plus général. Ici, se présentent trois écoles : les hétérogénistes, les transformistes et les quinetistes.

Examinons chacune de ces écoles.

Et avant tout, permettez-nous de vous dire que nous sommes très-loin d'accuser nos adversaires de mauvaise foi; leurs erreurs viennent, selon nous, d'un défaut d'étude et d'examen sérieux, touchant les questions que nous agitons.

Parlons d'abord des hétérogénistes. L'erreur de ceux-ci provient de ce qu'ils ne tiennent qu'un compte fort incomplet de la divisibilité de la matière.

C'est pourquoi leurs recherches, circonscrites au monde des infusoires ou à celui des spores, leur montrent une foule d'êtres vivants qu'ils prennent pour le résultat de la spontanéité.

D'abord, que faut-il entendre par génération spontanée?

1º Serait-ce dans un vide absolu que se produiraient spontanément des individus ?

2º Serait-ce la matière inorganique qui se transformerait d'elle-même de manière à produire des êtres vivants ?

Nous répondons à la première question :

Il n'est pas possible de faire le vide absolu en s'isolant complétement de toute matière préexistante.

Examinons la seconde question avec le plus grand détail.

Voici comment s'exprimait Cabanis :

« Il faut nécessairement avouer que, moyennant certaines conditions, la matière inorganique est capable de s'organiser, de vivre et de sentir. »

Dans ce cas, Cabanis semblerait attribuer la génération spontanée, ou bien à des substances en putréfaction, *corruptio unius generatio alterius*, ou à un arrangement de molécules convenablement combinées dans un milieu favorable.

L'opinion de Cabanis tombe d'elle-même devant ce fait :

Après la mort, les matières organiques se séparent de l'individu. Les germes qu'elles contiennent donnent naissance à des êtres vivants de même nature que le germe ; les autres éléments qui entrent dans cette matière se convertissent en composés binaires sous l'influence des affinités chimiques.

M. Crosse prétend avoir obtenu des infusoires dans des solutions de granit et de silex.

On est obligé de convenir que cette expérience est très-douteuse, puisque le granit est insoluble dans l'eau pure comme dans l'eau chargée d'acide carbonique, ou de toute autre substance en dissolution.

Trévilanus cite à l'appui de l'hétérogénie l'expérience suivante :

Un naturaliste ayant rempli de pulpe de melon des pots bien nettoyés et préalablement chauffés et les ayant couverts d'une mousseline, obtint des byssus et des tremelles dans les pots qui occupaient un lieu bien sec et élevé, et des mucorinées dans ceux qui avaient été placés dans un endroit humide.

Il est facile de démontrer que les expériences citées par Trévilanus ne prouvent absolument rien en faveur de la génération spontanée.

En effet, les tremelles et les mucorinées sont des champignons.

Or, on sait que si les spores trouvaient toujours des conditions favorables à leur développement, on pourrait assurer que ces végétaux envahiraient promptement la surface du globe.

Il résulte de toutes les expériences que les germes des champignons sont répandus de manière à saturer les atmosphères closes.

Henckel voulut, lui aussi, prouver l'hétérogénie :

Il prit de la terre à 50 centimètres de profondeur, et l'ayant placée sur la toiture de sa maison, il y crut des graminées.

Il faut avouer que les terres végétales, si les

choses se passaient ainsi, finiraient par produire un jour, sans le secours de l'homme, des graminées utiles à la vie, telles que le blé, le maïs, etc.

Désirant me rendre compte par moi-même, j'ai pris de la terre bien desséchée. Ce dessèchement s'est fait en chauffant des couches très-minces de terre; et les ayant mises dans des vases métalliques très-polis que j'avais exposés sur une haute toiture pendant 72 heures, et pendant des nuits très-sereines, je n'ai obtenu aucune espèce de végétation.

M. Dujardin dit en parlant du *rhabditis aceti* : « Une espèce d'entozoaire habitant exclusivement le vinaigre de vin n'existait préalablement ni dans le vin, ni dans le raisin, et ne se trouve nulle part ailleurs. On ne peut donc s'expliquer comment, à la suite de l'acidification du vin, se seraient produits dans ce liquide deux œufs devant donner naissance à un mâle et à une femelle destinés à produire une nouvelle génération. »

Il y a dans cette expérience deux choses à examiner :

1° Le vinaigre n'est pas, comme on le croit communément, de l'acide acétique étendu d'eau. Outre l'acide acétique, le vinaigre contient tous les acides, tous les sels organiques et inorganiques qui se retrouvent dans le vin.

2° Les *rhabditis aceti* appartiennent à la classe des entozoaires. Or, ces derniers se multiplient au moyen d'œufs et vivent dans les cavités intestinales des animaux supérieurs. On les rencontre dans le parenchyme des organes, tels que le foie, les reins, même dans les cavités les mieux closes, comme l'encéphale. On en trouve aussi dans les urines.

D'après cet exposé, on ne doit pas s'étonner de l'apparition du *rhabditis aceti* dans l'expérience de M. Dujardin. Toutes les membranes sont poreuses; d'un autre côté, les vignes sont entretenues assez souvent à l'aide du fumier animal.

On ne doit pas, non plus, s'étonner qu'à la suite de l'acidification du vin qui suit toujours une élévation de température, on y trouve le *rhabditis aceti*.

Si nous faisions l'expérience avec des raisins cueillis sur une jeune vigne, n'ayant jamais reçu de fumier animal, le fait signalé par M. Dujardin n'aurait pas lieu.

M. Dujardin, dans son *Histoire naturelle*, cherche encore à démontrer l'hétérogénie au moyen d'expériences sur un ver de terre. Or, la vie chez le ver est répandue dans tout le corps.

Si, par exemple, on coupe un ver en deux parties égales, chacune d'elles donne naissance à un ver entier.

La matière organique se divise en parties d'une ténuité extraordinaire; chaque goutte d'eau qui s'évapore d'un étang, pendant l'été, entraîne avec elle des myriades d'œufs d'infusoires, des corps d'infusoires eux-mêmes, et les dissipe dans l'atmosphère, réceptacle de tous les germes possibles. Puis, lorsque des circonstances les ont plongés dans un milieu favorable à leur existence, ces corpuscules se développent.

On en a trouvé dans les brouillards, dans l'eau de pluie et jusque dans la neige.

Ce n'est pas là évidemment de la génération spontanée, puisque ces infusoires naissent de parents semblables à eux.

Les partisans de la génération spontanée admettent l'apparition d'êtres vivants dans le parenchyme même des organes de divers animaux.

Nous répondons que les germes de ces êtres y ont été portés par les voies de la circulation. Les fines membranes des faisceaux capillaires ne constituent pas un obstacle infranchissable à ce germe microscopique.

On nous dira encore que l'on a constaté une génération spontanée en expérimentant sur certains infusoires.

Ce n'est pas là, non plus, de la génération spontanée, puisque les infusoires existent dans toutes les infusions végétales et animales, dans les fermentations spiritueuses, acéteuses et putrides.

A ces exemples, déjà assez nombreux, j'ajouterai celui de M. Pouchet :

Ce dernier faisait bouillir de l'eau dans un ballon ; il introduisait dans un vase une certaine quantité d'oxygène, et un petit paquet de foin préalablement chauffé pendant 40 minutes. D'après ces précautions, il croyait l'eau, l'oxygène et le foin privés de germes.

Cependant les phénomènes vitaux se reproduisaient toujours.

M. Pouchet supposait que 100 degrés de chaleur suffisent pour tuer les germes.

Or, le foin est très-peu conducteur de la chaleur.

D'un autre côté, il est certain que les germes des êtres inférieurs résistent à une température très-élevée. D'après M. Payen, certains sporules de cryptogames ne perdent leur puissance germinative qu'à 140°.

Les expériences de M. Doyère ont prouvé que les tardigrades, ordre des édentés, supportent facilement une chaleur de 150 degrés. M. Pouchet retrouvait d'ailleurs dans son ballon les germes qui sont en abondance dans l'air ou dans les matières organiques. Donc, l'éclosion naturelle de ces germes n'était pas une génération spontanée.

Enfin, posons aux hétérogénistes cette question :

Pourquoi les germes d'où sortent les tigres, les lions, les singes, l'homme même, ont-ils besoin du concours des deux sexes pour produire des individus de la même espèce ?

Pourquoi, dis-je, ces germes ne sont-ils pas une émanation spontanée comme les germes des infusoires et des entozoaires ?

Vous direz peut-être qu'à l'origine de la terre, l'animal et le végétal étaient une émanation instantanée, et s'il n'en est pas ainsi aujourd'hui, cela tient à ce que la matière a vieilli. Mais, d'après vous, la matière est éternelle ; elle ne vieillit donc pas, et la nature devrait toujours rester la même et être soumise aux mêmes lois.

Etudions présentement la génération par transmutation.

La persistance dans les formes spécifiques, c'est-à-dire l'immutabilité des espèces, est un grand fait, un fait que toutes les observations produites jusqu'à ce jour démontrent.

Néanmoins, Démocrite, Geoffroy, Lamarck, Darwin, admettent la génération par transmutation et donnent pour cause de la mutabilité des espèces les lois d'une sélection naturelle, de la concurrence vitale, et de la conservation de la vie.

Lamarck s'exprime ainsi : « Non-seulement les espèces ont été constamment soumises à des changements en passant d'une période géologique à une autre, mais aussi un progrès constant s'est maintenu dans le monde organique depuis les êtres les plus simples jusqu'à ceux d'une structure de plus en plus complexe ; depuis les instincts les plus inférieurs jusqu'aux plus élevés, et enfin depuis l'intelligence de la brute jusqu'aux facultés et à la raison de l'homme. »

Darwin s'énonce en ces termes : « Chaque être organisé ne conserve l'existence qu'au prix d'une lutte continuelle. Au milieu de cette lutte, il subit une transformation qui lui est favorable ou défavorable. Dans ce dernier cas, l'être organisé périt ou revient à sa forme originaire. Si la transformation lui est favorable, il subsiste et se perpétue. »

Il ajoute qu'il n'existait dans le principe que quatre ou cinq types pour les animaux et autant pour les végétaux. Toutes les autres espèces sont le résultat de la sélection naturelle.

On peut objecter à Démocrite, à Geoffroy, à Lamarck, à Darwin : Comment peut-il se faire qu'après des myriades de siècles, il se trouve encore une si grande abondance d'animaux et de plantes des types inférieurs ?

Pour répondre à cette objection, Lamarck imagina des germes ou êtres vivants qu'il appela des monades, et qui se transformaient de périodes en périodes plus ou moins longues. Il admet autant de sortes de monades que de divisions de l'ordre inférieur dans le règne animal et dans le règne végétal.

La sélection naturelle n'amène jamais la transformation radicale de l'espèce ; elle l'améliore simplement. Autrement le résultat obtenu par la sélection dépasserait de beaucoup la sélection modificatrice des facteurs ; tandis que l'on sait que les propriétés et les facultés que possèdent les ascendants se transmettent à peu près dans une égale mesure aux descendants.

D'ailleurs, comment expliquer, avec la sélection, le passage des invertébrés aux vertébrés ?

Enfin, on constate encore cette persistance des formes spécifiques au moyen de l'histoire, de la tradition, de la sculpture, de la peinture, etc. Après quatre mille ans l'Egypte nous a conservé un muséum d'histoire naturelle, non-seulement dans les peintures, mais dans les momies de ses animaux. Elle nous présente chaque espèce parfaitement identique à celle d'aujourd'hui.

Le naturaliste anglais reconnaît que les espèces animales et végétales n'ont pas changé depuis les temps les plus reculés.

Que fait-il devant ce fait ?

Il suppose que la transformation des espèces s'est opérée avec une excessive lenteur, et par conséquent il arrive ainsi à dire que les périodes de l'histoire sont insuffisantes pour mettre en évidence la formation progressive des êtres.

Nous opposons à Darwin le fait suivant :

Tous les jours on acquiert la preuve que la sélection est impuissante à transformer les êtres. Elle doit être considérée comme une méthode, ou plutôt un moyen de perfectionnement des animaux.

Cette méthode consiste à faire un choix des reproducteurs mâles et femelles présentant au plus haut degré, parmi leurs parents, la conformation et les aptitudes propres à atteindre le but du perfectionnement que l'on se propose.

Les résultats obtenus deviennent des facteurs à leur tour ; ils se transmettent en totalité, ou seulement en partie, à la génération suivante ; celle-ci les étend et les fixe à son tour.

Les races conservent la faculté d'influencer la génération de leur descendance même après plusieurs degrés.

Agassiz prouva incontestablement l'hérédité des races.

Il prit un très-grand nombre d'exemplaires d'une même coquille, et il nous dit qu'il n'en a pas trouvé un seul qui déviât du type de l'espèce au point d'en laisser douteuses les limites. Il conclut ainsi :

« Je soutiens que la théorie donnée par Darwin sur l'origine des espèces n'est pas conforme aux faits que la nature met sous les yeux. »

Joigneaux ajoute que la sélection n'est efficace que lorsqu'elle exerce son action dans la famille même et surtout entre proches parents.

Lamarck et Darwin soutiennent encore que la concurrence vitale fait apparaître des types nouveaux.

Comment Lamarck explique-t-il l'apparition des nouvelles variétés ?

Il remarque que, comme les muscles du bras se fortifient par l'exercice, s'affaiblissent faute d'usage. Il est certains organes qui peuvent s'atrophier avec le temps ; tandis que d'autres, d'abord peu importants, acquièrent de la force et jouent un rôle nouveau et finissent par dominer dans l'organisation de l'espèce. Il en est de même des instincts : quand les animaux sont en butte à de nouveaux dangers, ils deviennent plus rusés et plus prudents, et transmettent ces facultés acquises à leur postérité.

Lamarck imagine encore que, par des actes répétés de la volonté, les animaux peuvent acquérir de nouveaux organes et de nouveaux attributs, et que dans les plantes qui n'ont pas d'action propre, certains fluides subtils, certaines forces organisatrices peuvent opérer des transformations analogues.

Ainsi, en cherchant l'origine de la girafe, Lamarck imagine que ce quadrupède s'étendit pour atteindre les rameaux d'arbres élevés, jusqu'à ce qu'à la suite d'efforts continus, et à force de chercher à arriver de plus en plus haut, il eut acquis un cou allongé.

D'après cet étrange système, les autres animaux devraient être gratifiés d'un cou de même longueur, sans en excepter l'homme lui-même.

Peut-on croire, de bonne foi, qu'un lièvre, en présence d'un chien de chasse par exemple, deviendra bon nageur parce qu'il est pressé du plus vif désir de se sauver, et que, par la suite, il finira par devenir poisson ?

De même que les luttes qu'un batracien livrerait à un autre individu de la même espèce, ou d'une espèce différente, suffiraient pour qu'il devînt un éléphant ?

M. Trémaux, qui appartient cependant à l'école transformiste, reconnaît que la concurrence vitale est nuisible à tous les sujets.

Au surplus, toutes les observations que l'on a faites affirment l'hérédité des races. Dans le résultat du mélange des espèces, on a reconnu la part afférente à chacun des auteurs qui ont contribué à la production du nouvel être.

Démocrite, Lamarck, considèrent l'homme comme

le dernier terme d'une progression croissante et continue des espèces , laquelle a eu pour premier terme le ver.

Selon d'autres savants , l'homme est issu d'un singe.

Voici comment on explique cette transformation :

La cause qui a soulevé les Alpes, les Pyrénées, a agi aussi sur le singe. Ce dernier fixait ses regards vers des lieux plus élevés que celui qu'il occupait ; il était ainsi contraint à lever la téte jusqu'à ce qu'il rencontrât les cimes les plus élevées.

En escaladant quelques rocs escarpés, il se trouva naturellement debout, et de quadrumane qu'il était, il devint bimane.

Ecoutons Quinet :

« Le singe représente l'époque ternaire ; l'homme, au contraire, est un singe de l'époque quaternaire. »

Il ajoute : « Autre époque, autre esprit, autre forme. »

Vous le voyez, Messieurs, malgré toutes les hypothèses imaginées, on est toujours forcé de recourir à une cause créatrice prise en dehors de la matière.

On peut demander à Démocrite, à Geoffroy, à Lamarck, à Darwin, à Pouchet : Qu'est-ce que la nature ?

A quoi se réduit l'hypothèse des transformistes , sans l'intervention d'une cause toute-puissante, origine première de tous les êtres ?

Où donc les géologues ont-ils surpris la nature sur les faits qu'ils exposent ?

Ont-ils vu aucun descendant d'insecte se changer en poisson à la suite de transformations lentes constituant, comme ils le disent, une progression arithmétique continue, croissante?

Nous démontrerons dans la quatrième leçon qu'une progression arithmétique ne pouvait exister pour les nombres, et ne peut exister non plus ni dans la nature végétale, ni dans la nature animale.

Par conséquent, le système des transformistes, reposant tout entier sur cette progression, n'est admissible à aucun titre.

Comment les hétérogénistes, comme les disciples des autres écoles, peuvent-ils croire qu'une masse de matière inerte pourrait produire un être avec des formes régulières, constantes et surtout caractéristiques?

Comment une molécule peut-elle s'assimiler à d'autres de manière à former un groupe d'individus ayant tous la forme exigée par le type auquel ils appartiennent?

Comment peut-on expliquer qu'une force cellulaire se soit arrêtée dans ses transformations à un type particulier?

Les quinetistes admettent que tous les germes, qui ont produit plus tard les individus, depuis les zoophytes jusqu'à l'homme, et dans le règne végétal à partir des acotylédones jusqu'aux dicotylédones, séjournaient de toute éternité dans l'espace.

Edgar Quinet, le chef de cette école, nous apprend que la vie a commencé à pleuvoir avec les eaux primitives. Il se demande où est le germe de la vie ? Il répond : Il naît des fleuves nébuleux qui parcourent l'atmosphère.

Dally attribue l'apparition de la vie à des germes dispersés dans l'espace, et qui se sont développés dès l'instant qu'ils ont trouvé dans les mers primitives ou sur la terre les conditions nécessaires à leur éclosion.

M. Leymerie, professeur à la faculté des sciences de Toulouse, dont la parole s'impose souvent comme une autorité des plus compétentes, semble fort embarrassé quand il s'agit d'expliquer où se trouvait la matière organique à l'origine des mondes : « Sortons, dit-il, du domaine de la rigoureuse induction pour entrer dans celui des conjectures. »

Il admet que toutes les substances du règne organique descendirent du chaos atmosphérique sur la terre pour y prendre naissance et s'y développer.

Il résulterait de ces hypothèses que les germes de tous les végétaux, de tous les animaux, auraient séjourné des myriades de siècles dans des milieux impropres à la vie de certains êtres.

Comment expliquer la naissance de l'individu vivipare, puisqu'elle est le résultat du concours de deux individus mâle et femelle ?

Comment expliquer les nombreux caractères de ressemblance des êtres appartenant à la même espèce ?

Comment expliquer la naissance de l'animal ovi-

pare, puisque le germe doit être produit par le mâle et fécondé dans l'œuf de la femelle pour reproduire un individu de la même espèce ?

Comment le germe de la vie subirait-il, avant son inoculation dans le sein de la mère, les nombreuses transformations par !lesquelles il devra nécessairement passer avant d'avoir atteint son complet développement ?

Comment enfin l'atmosphère, si souvent agitée par les vents, les orages, les abaissements ou les élévations de température, n'eût-elle pas altéré, même détruit des germes que rien ne protégeait ?

On peut en dire autant du végétal.

La matière fécondante de celui-ci peut bien être portée, sans doute, à de grandes distances, mais cette matière ne produit l'individu que lorsqu'elle est reçue par la plante femelle.

Bernard de Jussieu rapporte le fait suivant :

« On cultivait déjà depuis longtemps, au Jardin des Plantes de Paris, deux pieds de pistachiers femelles qui, chaque année, se chargeaient de fleurs, mais ne produisaient jamais de fruits. Quel fut mon étonnement quand, une année, je vis ces deux arbres mûrir parfaitement leurs fruits. Dès lors, je crus qu'il devait exister dans Paris ou aux environs quelque individu mâle portant des fleurs. Je fis faire des recherches à cet égard, et j'appris qu'à la même époque, à la pépinière des Chartreux, près du Luxembourg, un pied de pistachier mâle avait fleuri pour la première fois. »

Ici, comme on le voit, deux individus mâle et femelle sont en présence ; le pollen du premier, porté par le vent, vient féconder les individus femelles.

Voici un autre fait que nous lisons dans l'*Histoire naturelle* de M. Richard :

« Le vallisneria spiralis que j'ai eu occasion d'observer dans le canal du Languedoc et dans les ruisseaux des environs d'Arles, offre un phénomène des plus admirables à l'époque de la fécondation. Cette plante est attachée au fond de l'eau et entièrement submergée ; les individus mâles et femelles naissent pêle-mêle. Les fleurs femelles, portées sur des pédoncules assez longs et roulés en spirales, se présentent à la surface de l'eau pour s'épanouir. Les fleurs mâles, au contraire, sont renfermées plusieurs ensemble dans une spathe membraneuse portée sur un pédoncule très-court. Lorsque le temps de la fécondation est arrivé, elles font effort contre cette spathe, la déchirent, se détachent de leur support et de la plante à laquelle elles appartenaient, et viennent à la surface de l'eau s'épanouir et féconder les fleurs femelles. Bientôt celles-ci, par le retrait des spirales qui les supportent, redescendent au-dessous de l'eau, où leurs fruits parviennent à une parfaite maturité. »

Ces exemples montrent clairement que l'individu qui a donné naissance à un autre individu n'était pas à l'état de germe répandu soit dans les eaux, soit dans l'atmosphère ou sur la terre.

Examinons maintenant les cosmogonies, et, parmi leur grand nombre, citons les trois suivantes :

D'abord celle du Japon :

Les éléments de toutes choses formaient une masse liquide et trouble.

Dans l'espace surgit un Dieu créateur qui sépara les éléments, confondus jusqu'alors dans un même chaos.

Les atomes subtils roulant dans diverses directions formèrent le ciel. Les atomes plus grossiers, s'attachant les uns aux autres, produisirent la terre.

Entre le ciel et la terre apparut quelque chose de semblable à une branche d'épine. Elle était douée de mouvement et susceptible de transformation. Cette branche d'épine fut changée en trois divinités. Il y eut ensuite quatre couples de dieux et de déesses.

Le septième dieu, avec sa compagne, résolut de créer la terre. Celle-ci s'éleva au-dessus des flots de l'Océan.

Alors les deux divinités descendirent sur ce globe terrestre, et elles choisirent pour leur demeure le gracieux bassin de la mer du Japon.

La végétation sortait de tous les points du globe pour l'embellir.

Les oiseaux suspendaient gaiement leurs nids aux branches des bocages, et les ruisseaux roulaient leurs eaux pures pour féconder la terre.

Le couple s'envola aussitôt vers les célestes demeures et laissa sur la terre l'homme qu'il venait de créer.

Voyons la genèse tahitienne :

Le dieu de Tahiti dit :

Voici le ciel errer dans l'espace, la terre flotter et vaciller dans les profondeurs de l'abîme.

Pendant que le globe s'embellissait à sa présence, il vit une déesse à la chevelure flottante sur l'épaule. Elle levait les yeux vers lui.

De ce couple naquirent le sable rouge et le sable blanc. Puis il naquit une femme dont le nom fut Hyna, et un jeune homme nommé Oro ; et d'Oro et d'Hyna naquit le genre humain.

Voilà les spécimens de certaines genèses, et de leurs noms ridicules ; jugez de ce que peuvent être les autres.

En vérité, Messieurs, quand on ne veut pas admettre l'existence d'un Dieu à la fois puissance, intelligence et amour, on tombe dans des erreurs, des hypothèses absurdes qui semblent une insulte à la raison.

Mais voici l'ordre logique et chronologique de la genèse racontée par Moïse.

Tous les systèmes que nous avons parcourus montrent à l'origine de toutes choses la terre comme un véritable chaos.

Dieu voulant tirer cette matière informe des ténèbres où elle était ensevelie, dit : Que la lumière soit, et la lumière fut.

Dieu dit encore : Que les eaux qui sont sous le ciel se rassemblent en un seul lieu, et il appela *mer* toutes ces eaux rassemblées, et donna à l'élément aride le nom de *terre*.

Dieu dit ensuite :

Que les eaux produisent des animaux vivants qui nagent dans l'eau et des oiseaux qui volent sur la terre.

Il les bénit en disant : Croissez et multipliez.

Il y a ici un rapprochement remarquable entre l'opinion de M. d'Orbigny et le récit de Moïse.

M. d'Orbigny s'exprime ainsi :

« C'est un fait évident que les substances inorganiques ont précédé la naissance des corps organiques. Ce n'est qu'après les corps bruts qu'apparut la vie sur la surface de la terre. C'est même dans l'eau qu'a dû se produire la première manifestation du principe vital. »

Cela posé, continuons l'histoire de la création.

Dieu dit :

Que la terre produise de l'herbe verte qui porte de la graine, et des arbres qui portent des fruits, chacun selon son espèce, et qu'ils contiennent leurs semences en eux-mêmes pour se reproduire sur la terre.

Et cela se fit ainsi, et la terre se couvrit d'une magnifique végétation.

Écoutons M. Leymerie :

« La terre devenant assez froide et l'atmosphère assez pure, donna lieu, par la condensation des vapeurs, à des pluies d'eau douce ; mais l'air contenait encore beaucoup d'acide carbonique, et cette circonstance s'opposait à la naissance ou au moins au développement des animaux terrestres. Ce fut là le signal d'une végétation luxuriante toute exceptionnelle. »

L'ordre chronologique est absolument le même dans la genèse mosaïque.

Dieu fit apparaître deux corps lumineux : l'un plus grand pour présider au jour, et l'autre pour présider à la nuit ; et avec ces deux corps lumineux apparurent aussi les étoiles.

Je compare encore le récit de Moïse à l'exposé de la science sur l'ordre de la création des corps.

M. Leymerie, que je me plais à citer souvent, vu l'ordre qui règne dans son ouvrage, continue ainsi :

« L'atmosphère devenant, après la luxuriante végétation qui couvrait la terre, assez transparente pour permettre au soleil d'exercer à la surface de la terre sa vivifiante influence, la terre devint alors de plus en plus propre à la respiration des reptiles terrestres et des oiseaux. Enfin apparurent les mammifères et l'homme. »

De l'aveu même de la science, le soleil n'a pu féconder de ses rayons les produits de la terre qu'après que celle-ci se fût couverte d'une végétation très-riche et très-variée. Donc, il y avait une lumière et une chaleur distinctes de celle du soleil ; car comment pourrait-on sans cela se rendre compte de l'existence d'une végétation se développant sous l'influence des forces vitales qui avaient atteint leur maximum ?

Citons un passage du savant naturaliste M. Richard :

« L'influence de la chaleur est, en effet, très-marquée sur tous les phénomènes de la végétation. Une graine mise dans un lieu dont la température est au-dessous de 0 degré, n'éprouve aucun mouvement de développement, reste inactive, comme engourdie ; tandis qu'une chaleur de 25 à 30 degrés, surtout si elle est jointe à une certaine humidité, accélère l'évolution des différentes parties de l'embryon.

« Les végétaux respirent comme les animaux ; ils absorbent l'acide carbonique qu'ils décomposent pour fixer dans leurs tissus le carbone, et l'oxygène se trouve ainsi dégagé.

« Cet acide carbonique, en ce qui concerne les plantes, a besoin, pour se produire, de l'influence directe de la lumière solaire ou d'une lumière équivalente.

« Lorsqu'un végétal est plongé dans l'obscurité, il ne tarde pas à languir et à s'étioler. Les feuilles jaunissent, ses rameaux s'allongent et perdent leur solidité ; tous les organes, en un mot, manifestent par une faiblesse extrême la privation du carbone qui devait nourrir et fortifier leurs tissus. Sur la lisière des forêts et des bois, même dans les allées de nos jardins, il est facile de constater l'action puissante de la lumière sur la végétation ; les branches des arbres situées en dehors des massifs sont généralement plus volumineuses, plus robustes que celles du côté opposé, où la lumière pénètre moins facilement. »

Reprenons l'histoire de la création d'après Moïse :

Dieu ajoute encore : Que la terre produise les reptiles, les animaux domestiques et les bêtes sauvages. Dieu créa ensuite l'homme à son image et à sa ressemblance. Puis il créa la femme.

Dieu les bénit et leur dit : Croissez et multipliez-vous.

M. d'Orbigny conserve le même ordre que Moïse dans la création des êtres organiques.

« La terre, dit-il, se trouva, après un temps trèslong, dans des conditions qui permettaient aux êtres vivants de se développer librement.

« L'homme parut après que les êtres eurent épuisé toutes les transformations auxquelles était appelée l'humanité. Bientôt l'homme, soumettant la nature à la puissance de l'esprit, établit son empire sur tout ce qui existe, et, chaque jour encore, il lutte avec elle pour lui arracher ses secrets. »

Vous le voyez, Messieurs, les matérialistes conviennent que l'homme a été créé pour régner sur la créature et la dominer. Il est le seul être, d'après eux, qui possède le moyen instinctif de découvrir les innombrables secrets que la nature recèle dans son sein.

Or, Moïse, dont les écrits, comme chacun sait, remontent à environ cinq mille ans, s'exprime ainsi :

« Dieu dit à l'homme : Remplissez la terre, assujettissez-la, dominez sur les poissons de la mer, sur les oiseaux du ciel, sur tous les animaux qui se meuvent sur la terre. »

Moïse écrivait à une époque où l'on n'avait aucune connaissance des sciences géologiques et paléontologiques. Il était étranger à l'étude des sciences naturelles. Or, quel est l'historien qui, *livré à ses seules forces naturelles*, pourrait faire le récit d'une science expérimentale, de ses phénomènes et de ses lois, cinq mille ans avant sa découverte ?

On ne saurait donc douter un seul instant que Moïse n'ait été l'instrument d'une inspiration surnaturelle.

En ceci, il diffère des naturalistes modernes, et ce point est très-important.

Ces derniers ont voulu substituer à Dieu, dans leur système, une hypothèse absolue, et, selon eux, définitive. Il arrive ainsi que les théories qui excluent toute participation de Dieu, en ce qui touche la création du monde, sont des théories insoutenables et, nous devons bien le reconnaître, absurdes.

Les conséquences de ces théories sont funestes aux sociétés humaines, puisque, prises à la lettre, elles ne peuvent qu'ériger l'athéisme en dogme. Ces doctrines plus ou moins subversives circulent dans le monde, et bon nombre d'hommes sont arrivés aujourd'hui à croire que la vie est produite par des affinités chimiques, que la pensée n'est qu'une sécrétion formée par l'harmonie de toutes les glandes de notre corps, et la parole que le résultat harmonieux que font entendre les cordes vibrantes du larynx.

Il nous reste à vous démontrer que le troisième, le cinquième et le sixième jour sont aussi, comme le premier, le deuxième et le quatrième, des jours de vingt-quatre heures.

Les végétaux et les animaux de l'échelle supérieure sont nés à l'état adulte, et ce sont précisément ceux-là dont Moïse nous parle surtout dans son exposé de la création.

L'homme, à son origine, est d'abord à l'état ovipare ; l'œuf est recouvert de cils vibratifs ; il tombe, quelque temps après sa fécondation, dans l'utérus ; les cils vibratifs s'enchevêtrent. Il se fait une sécrétion sur tout l'utérus. Cette sécrétion recouvre l'œuf ; ensuite se forme le placenta, puis le centre nerveux, et enfin naissent les tubes artériels et veineux qui, en se repliant, forment le cœur. Durant cette phase, la nutrition se fait par endosmose et exosmose, et les poumons sont à l'état rudimentaire.

La transmutation du germe qui doit donner la vie à l'individu s'opère dans le sein même de la mère dès la première période de formation de l'individu et se complète peu à peu dans les diverses phases de son développement.

Si cette transformation s'était faite en dehors de la mère, où le germe aurait-il puisé les éléments indispensables à son entretien ?

Comment la nutrition par endosmose et exosmose aurait-elle pu s'opérer de manière à prendre dans l'atmosphère les substances propres pouvant s'assimiler à la nature de chaque espèce ?

Comment ces germes auraient-ils pu se protéger contre les mille causes de destruction qui les entouraient de toutes parts ?

Comment pourrait-on se rendre compte des accroissements des organes depuis leur première apparition, sous la forme cellulaire, jusqu'à leur état parfait ?

Examinons maintenant la graine du végétal.

Cette graine contient l'embryon, c'est-à-dire le petit corps destiné à reproduire, par la germination, un nouveau végétal ; elle est, par conséquent, l'analogue de l'œuf des animaux. La graine, dans le péricarpe, est attachée au trophosperme, tantôt directement, tantôt par l'intermédiaire d'un petit cordon ou filament que l'on désigne sous le nom de *podosperme*. La surface d'une membrane, appelée *épisperme*, présente constamment une cicatrice qui correspond au point d'attache de la graine avec le trophosperme.

Cette cicatrice tantôt ronde, tantôt plus ou moins allongée, a reçu le nom de *hile*. C'est au niveau de ce point que les vaisseaux nourriciers traversent l'épisperme pour pénétrer dans l'amande.

On voit encore sur la surface de l'épisperme une ouverture extrêmement petite qu'on appelle *micro-*

pyle. C'est par cette ouverture que la matière fécondante pénètre jusqu'à l'embryon.

Je demande encore : Comment peut-on admettre qu'un germe puisse passer par toutes ces différentes phases en dehors de la plante femelle et chez les animaux en dehors de la mère ?

Il est de fait que la vie embryonnaire, soit des animaux, soit des végétaux, surtout pris dans l'échelle supérieure, se développe et se transforme seulement dans le sein de la mère, ce qui exige le concours des deux sexes qui ont atteint l'un et l'autre leur état parfait.

Il s'ensuit que le premier mâle et la première femelle de chaque espèce ont été créés adultes, et n'ont pu être créés ainsi que par une cause surnaturelle dont la toute-puissance agit *instantanément : ipse dixit, et facta sunt ; ipse mandavit, et creata sunt.* (Ps. 32, v. 9.)

Donc le cinquième et le sixième jour ne furent, comme les autres, que de 24 heures.

Dieu, en créant le monde, a voulu que les choses inanimées et que les milieux fussent en harmonie avec la vie, afin que celle-ci pût se conserver et se développer.

Depuis l'insecte microscopique jusqu'à l'homme, depuis l'acotylédone jusqu'à la dicotylédone, tous les êtres sont créés pour les milieux qui leur sont réservés.

Les forêts ont précédé l'homme, comme une avant-garde indispensable. Leur première fonction a été de rendre toute la terre habitable, au lieu d'une partie, qui seule était habitée au commencement du monde, et de la préparer ainsi à recevoir un jour de nombreuses populations.

Les forêts dépouillèrent toute l'atmosphère de l'énorme quantité d'acide carbonique qu'elle renfermait, et elle fut ainsi transformée en un air respirable. « Les arbres entassés sur les arbres, a dit un auteur, comblèrent des lacs et des marais, enfouirent avec eux dans l'intérieur de la terre, pour nous le rendre plus tard sous forme de houille et d'anthracite, ce même carbone qui devenait, par ce merveilleux phénomène, une richesse immense mise en réserve pour l'avenir. »

Dieu a voulu que toute la terre fût habitée, malgré les températures variées des zones.

Les animaux des régions boréales ont généralement le pelage blanc ; chez d'autres, il change de couleur à chaque saison : il est blanc en hiver, de manière à empêcher la chaleur du corps de se perdre par le rayonnement.

Les nègres doivent à la couleur noire de leur peau de supporter plus facilement que les blancs la chaleur des climats chauds. Le pouvoir émissif considérable de leur peau les débarrasse d'une partie de la chaleur de leur corps. Il est vrai qu'ils devraient la ressentir davantage sous l'influence directe des rayons solaires. Mais il s'exhale de leur peau une matière huileuse qui réfléchit considérablement la chaleur incidente, et modifie ainsi le pouvoir absorbant.

Messieurs, je suis arrivé au but que je m'étais proposé. J'avais eu pour objet de vous présenter un exposé général et succinct des divers systèmes des géologues. Vous venez de le voir, ils sont tous fondés sur des assertions gratuites ou erronées, sur des conjectures, sur des données mal interprétées, et sur des expériences insuffisantes, incomplètes, non approfondies ; permettez-moi encore un mot. J'ai montré que la création racontée par Moïse est conforme en tout avec les lois reconnues par les savants contemporains. Je n'ai rien dit du développement des terrains sédimentaires, ni des fossiles précurseurs, ni des fossiles caractéristiques. Ce sera le sujet d'une quatrième leçon. Nous étudierons ensemble les causes des diverses époques géologiques.

J'aime à croire que ceux qui liront notre cours avec impartialité, sans préjugés, sans préventions, sans parti pris, partageront nos convictions. Je plaindrais sincèrement ceux qui ne comprendraient pas le mal incalculable qu'ils font en travaillant à former un peuple athée ou sceptique.

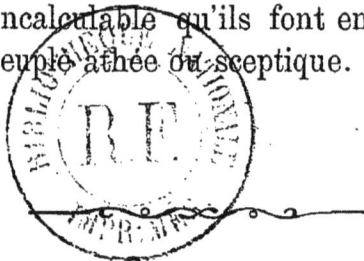

Toulouse, imp. Pradel, Vignier et Boé, rue des Gestes, 6.

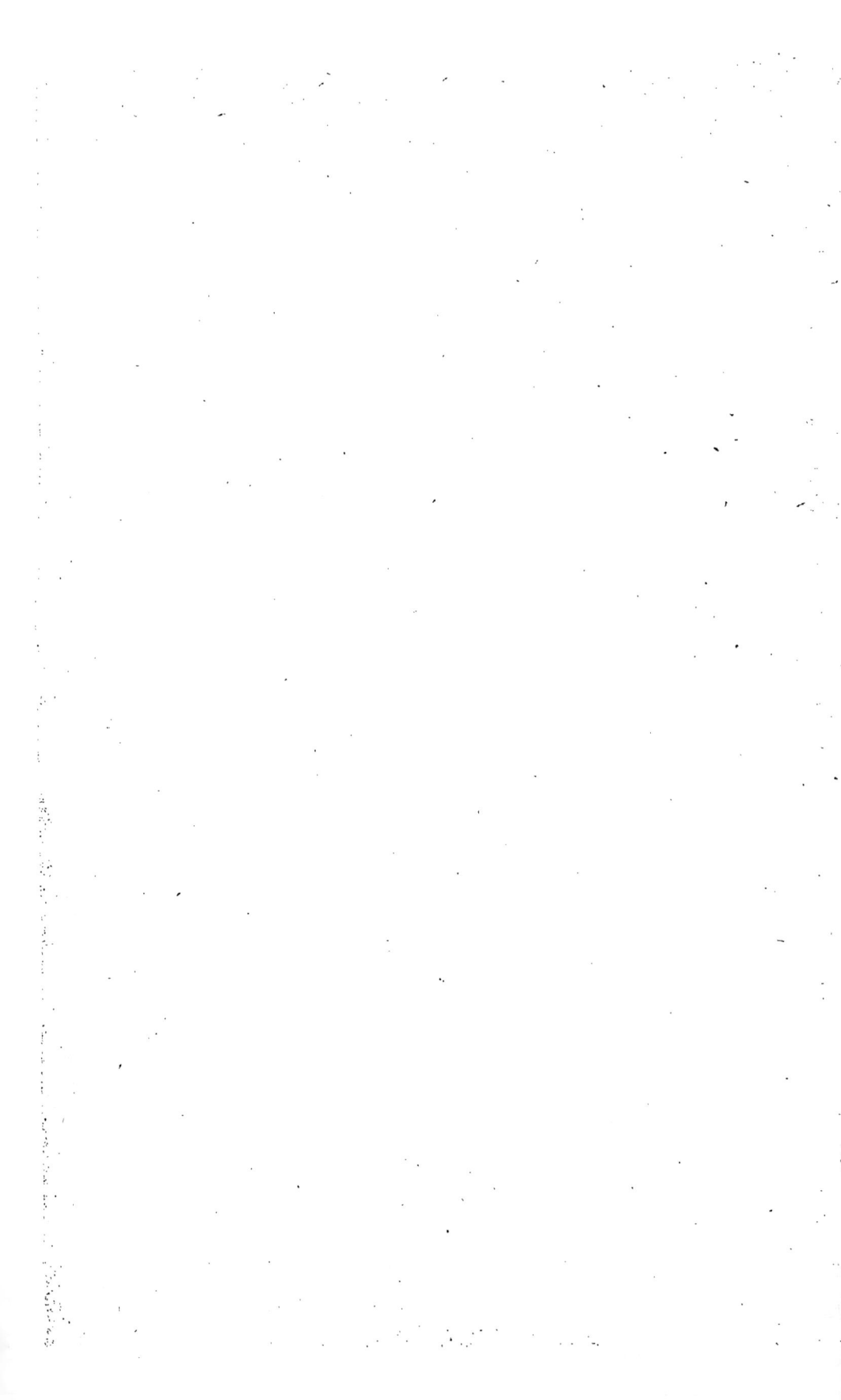

www.ingramcontent.com/pod-product-compliance
Lightning Source LLC
Chambersburg PA
CBHW071109210326

41519CB00020B/6232